# Die Grundlagen der Raumkühlung

Von

**Dr.-Ing. Walther Tamm**
Oberingenieur der E. Ahlborn A.G. Hildesheim

Mit 34 Textabbildungen
und 2 Tafeln

Berlin
Verlag von Julius Springer
1938

ISBN-13: 978-3-642-90459-2    e-ISBN-13: 978-3-642-92316-6
DOI: 10.1007/ 978-3-642-92316-6

R. PLANK

IN DANKBARKEIT GEWIDMET

# Inhaltsverzeichnis.

# I. Einleitung.

Raumkühlung bedeutet zunächst Kühlung der in einem Raum enthaltenen Luft. Die Temperatursenkung der Luft zieht eine Wärmeabgabe der in dem Raum befindlichen Körper nach sich und diese erfolgt wiederum an die Luft. Demnach läuft auch die Kühlung und Kühlhaltung von Gütern, die in den Räumen gelagert sind, auf eine Kühlung der Raumluft hinaus.

Die indirekte Art der Kühlung durch die Luft bietet den Vorteil, die Güter beliebig innerhalb des Raumes lagern zu können. Sie hat auch Nachteile. Da der Wärmeübergang von Luft an einen Körper verhältnismäßig schlecht ist, so erfolgt die Abkühlung langsam. Will man daher schnell abkühlen, so bringt man die Güter in unmittelbare Berührung mit einer kalten Fläche oder taucht sie in eine kalte Flüssigkeit. In beiden Fällen beträgt die Abkühlungsgeschwindigkeit ein Vielfaches der bei Luftkühlung erreichbaren. Ein weiterer Nachteil der Luftkühlung ist der Gewichtsverlust des Kühlgutes, wenn dessen Oberfläche feucht ist und verdunstet, sowie die Möglichkeit eines Feuchtigkeitsniederschlages, wenn sie hygroskopisch ist. Da ferner die Gegenwart von kalter Luft das Wachstum von Bakterien und Schimmelpilzen wohl verzögert aber nicht vollständig unterbindet, so läßt sich durch Luftkühlung eine unbeschränkte Haltbarkeit nicht erzielen. Alle diese Nachteile haben aber nur in besonderen Fällen dazu führen können, diese Art der Kühlung durch andere Verfahren zu ersetzen. Dagegen hat man sich während der letzten Jahre bemüht, die der Luftkühlung anhaftenden Mängel zu verringern.

In den Anfängen der kältetechnischen Entwicklung gab man sich damit zufrieden, wenn das lagernde Gut in begrenzten Zeiträumen nicht verdarb, das Wachstum von Bakterien und Schimmelpilzen also möglichst verzögert wurde. Erst allmählich wurde man auf den mit der Kühlung verbundenen Gewichtsverlust aufmerksam, der natürlich so gering wie möglich gehalten werden soll. Dabei stellte sich heraus, daß beide Forderungen sich teilweise widersprachen. Während nämlich die Senkung der Temperatur sowohl das Bakterienwachstum verzögert als auch den Gewichtsverlust vermindert, wirkt eine Veränderung der Luftfeuchtigkeit auf diese beiden Erscheinungen nicht im gleichen Sinne. Eine Erhöhung derselben vermindert zwar den Gewichtsverlust, beschleunigt aber das Wachstum der Bakterien und umgekehrt. Demnach gibt es für jedes Kühlgut je nach der vorgesehenen Lagerdauer eine bestimmte relative Luftfeuchtigkeit, bei welcher der Gewichtsverlust minimal wird, ohne daß ein Verderben eintritt. Daneben spielt noch der Bewegungszustand der Luft eine Rolle. Bei ruhender Luft z. B. kann an manchen Stellen des Raumes eine höhere relative Feuchtigkeit auftreten als für die Haltbarkeit der Güter zuträglich ist. Starke Luftbewegung hingegen verursacht hohen Gewichtsverlust bei der Lagerung, während sie bei der Abkühlung Vorteile bringt, indem sie die Abkühlungsgeschwindigkeit vergrößert. Zusammenfassend. läßt sich demnach aussagen:

*Die Aufgabe der Raumkühlung besteht in der Beherrschung der Temperatur, der relativen Feuchtigkeit und des Bewegungszustandes der Raumluft.*

## II. Das $J$-$x$-Diagramm für feuchte Luft.

Bei allen Vorgängen der Raumkühlung haben wir es mit Zustandsänderungen feuchter Luft zu tun. Für die Darstellung solcher Vorgänge hat sich ein von Mollier[1] eingeführtes Diagramm als nützlich erwiesen, in dem der Wärmeinhalt der Luft als Ordinate und ihr Feuchtigkeitsgehalt als Abszisse aufgetragen sind. Da sich alle folgenden Ausführungen auf dieses Diagramm stützen, so soll eine Erläuterung über seinen Aufbau hier vorangestellt werden.

Mollier wählt für die Betrachtung der Zustandsänderungen eine Gemischmenge, bestehend aus 1 kg trockener Luft und $x$ kg Wasserdampf. Bezeichnet man den Wärmeinhalt des Gemisches von $1 + x$ kg mit $J$, so ist

$$J = i_l + x\,i_w,$$

wenn $i_l$ und $i_w$ den Wärmeinhalt von 1 kg Luft und 1 kg Wasserdampf bedeuten. Es ist nun

$$i_l = c_{pl}\,t = 0{,}24\,t$$

und

$$i_w = r + c_{pw}\,t = 595 + 0{,}46\,t.$$

Dabei bezeichnen $c_{pl}$ und $c_{pw}$ die spezifischen Wärmen von Luft und Wasserdampf, die für das in Frage kommende Temperaturgebiet als konstant angenommen werden, $t$ die Temperatur und $r$ die Verdampfungswärme für 1 kg Wasser von 0°. Somit wird

$$(1) \qquad J = 0{,}24\,t + x\,(595 + 0{,}46\,t).$$

Auf Grund dieser Gleichung läßt sich $J$ in einem schiefwinkligen Koordinatensystem darstellen, dessen Aufbau Abb. 1 wiedergibt. Die Orte konstanten Wärmeinhalts sind gerade Linien mit der Neigung $595\,x$ gegen die $x$-Achse. Ebenso sind die Orte konstanter Temperatur geneigte Gerade. Sie steigen im Temperaturgebiet über 0° und fallen für Temperaturen unter 0°. Die Temperaturgerade $t = 0$ verläuft parallel zur $x$-Achse.

Im ganzen für die Raumkühlung in Frage kommenden Temperaturgebiet ist die Neigung der Temperaturgeraden gegen die $x$-Achse sehr gering.

Die von der Luft aufnehmbare Menge Wasserdampf ist begrenzt und von Temperatur und Druck abhängig. Sie läßt sich auf folgende Weise berechnen:

Wir stellen zunächst für eine Gemischmenge $1 + x$ kg von der absoluten Temperatur $T$ und dem Druck $h$ die Zustandsgleichungen für die Gemischanteile und das Gemisch auf. Bezeichnen wir die Teildrücke der Luft und des Wasserdampfes mit $h_l$ und $h_w$, das Volumen des Gemisches und der Gemischanteile mit $V$ sowie die Gaskonstanten der Luft und des Wasserdampfes bei Messung des Druckes in mm Hg mit $R_l$ und $R_w$, so gilt für 1 kg trockene Luft

$$(2) \quad h_l \cdot V = R_l \cdot T = 2{,}153\, T.$$

Für $x$ kg Wasserdampf lautet die Zustandsgleichung

$$(3) \quad h_w \cdot V = R_w \cdot T \cdot x = 3{,}461\, T x$$

und für die Gemischmenge von $1 + x$ kg

$$\left\{ \begin{aligned} h \cdot V &= \left( \frac{1}{1 + x} R_l + \right. \\ &\left. + \frac{x}{1 + x} R_w \right) T (1 + x) \end{aligned} \right.$$

oder

$$(4) \quad h \cdot V = (2{,}153 + 3{,}461\, x)\, T.$$

Da nach dem Daltonschen Gesetze $h_l = h - h_w$ ist, so erhalten wir aus Gleichung (2) und (3)

$$\frac{V}{T} = \frac{2{,}153}{h - h_w} = \frac{3{,}461\, x}{h_w}.$$

Hieraus folgt

$$\frac{2{,}153}{3{,}461\, x} = \frac{0{,}622}{x} = \frac{h - h_w}{h_w}$$

oder

$$(5) \quad x = \frac{0{,}622\, h_w}{h - h_w}.$$

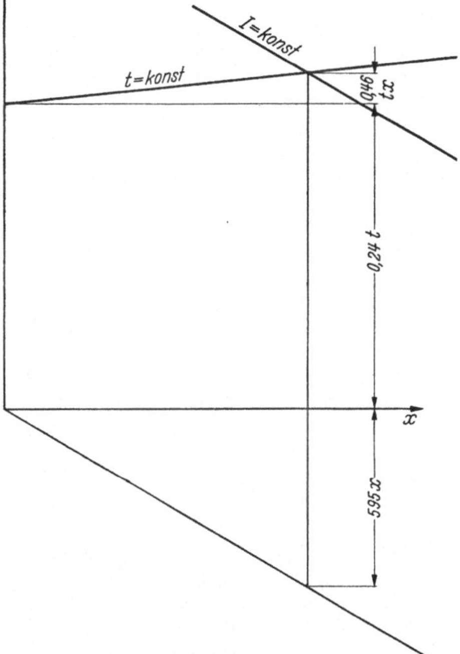


Abb. 1. Aufbau der $J$-$x$-Tafel.

Ist die Luft mit Wasserdampf gesättigt, so ist der Teildruck des Wasserdampfes $h_{ws}$ für eine bestimmte Temperatur durch die Dampfspannungskurve gegeben, und die maximale Dampfmenge, die von der Luft aufgenommen werden kann, beträgt

$$(6) \quad x_s = \frac{0{,}622\, h_{ws}}{h - h_{ws}}.$$

Damit ist für gesättigte Luft auch der Wärmeinhalt $J_s$ nach Gleichung (1) für jede Temperatur berechenbar. Die Werte $h_{ws}$, $x_s$ und $J_s$ sind für das

## Zahlentafel 1.

| $t$ Grad | $h_s$ mm Hg-S. | $1000 \cdot x_s$ g/kg | $J_s$ kcal/kg | $t$ Grad | $h_s$ mm Hg-S. | $1000 \cdot x_s$ g/kg | $J_s$ kcal/kg |
|---|---|---|---|---|---|---|---|
| $-60$ | 0,007 | 0,0059 | $-14,397$ | $-12$ | 1,633 | 1,375 | $-2,06$ |
| $-59$ | 0,008 | 0,0068 | $-14,156$ | $-11$ | 1,780 | 1,509 | $-1,75$ |
| $-58$ | 0,009 | 0,0076 | $-13,916$ | $-10$ | 1,946 | 1,650 | $-1,43$ |
| $-57$ | 0,011 | 0,0093 | $-13,675$ | $-9$ | 2,125 | 1,801 | $-1,10$ |
| $-56$ | 0,013 | 0,0110 | $-13,434$ | $-8$ | 2,321 | 1,969 | $-0,76$ |
| $-55$ | 0,015 | 0,0127 | $-13,193$ | $-7$ | 2,532 | 2,149 | $-0,41$ |
| $-54$ | 0,017 | 0,0144 | $-12,952$ | $-6$ | 2,761 | 2,343 | $-0,05$ |
| $-53$ | 0,019 | 0,0161 | $-12,711$ | $-5$ | 3,008 | 2,552 | $+0,31$ |
| $-52$ | 0,022 | 0,0186 | $-12,469$ | $-4$ | 3,276 | 2,781 | $+0,69$ |
| $-51$ | 0,025 | 0,0211 | $-12,228$ | $-3$ | 3,566 | 3,030 | $+1,08$ |
| $-50$ | 0,029 | 0,0245 | $-11,986$ | $-2$ | 3,879 | 3,30 | $+1,48$ |
| $-49$ | 0,033 | 0,0279 | $-11,744$ | $-1$ | 4,216 | 3,59 | $+1,89$ |
| $-48$ | 0,037 | 0,0313 | $-11,502$ | $\pm 0$ | 4,579 | 3,90 | $+2,32$ |
| $-47$ | 0,042 | 0,0355 | $-11,260$ | $+1$ | 4,93 | 4,20 | $+2,74$ |
| $-46$ | 0,047 | 0,0398 | $-11,017$ | $+2$ | 5,29 | 4,51 | $+3,17$ |
| $-45$ | 0,052 | 0,0440 | $-10,775$ | $+3$ | 5,69 | 4,85 | $+3,61$ |
| $-44$ | 0,058 | 0,0479 | $-10,532$ | $+4$ | 6,10 | 5,20 | $+4,06$ |
| $-43$ | 0,066 | 0,0558 | $-10,288$ | $+5$ | 6,54 | 5,58 | $+4,53$ |
| $-42$ | 0,074 | 0,0626 | $-10,144$ | $+6$ | 7,01 | 5,98 | $+5,01$ |
| $-41$ | 0,083 | 0,0702 | $-9,800$ | $+7$ | 7,51 | 6,42 | $+5,52$ |
| $-40$ | 0,093 | 0,0787 | $-9,555$ | $+8$ | 8,05 | 6,88 | $+6,04$ |
| $-39$ | 0,105 | 0,0888 | $-9,308$ | $+9$ | 8,61 | 7,36 | $+6,57$ |
| $-38$ | 0,119 | 0,1005 | $-9,062$ | $+10$ | 9,21 | 7,88 | $+7,13$ |
| $-37$ | 0,134 | 0,1134 | $-8,814$ | $+11$ | 9,84 | 8,44 | $+7,70$ |
| $-36$ | 0,150 | 0,1269 | $-8,567$ | $+12$ | 10,52 | 9,02 | $+8,30$ |
| $-35$ | 0,167 | 0,1413 | $-8,318$ | $+13$ | 11,23 | 9,64 | $+8,91$ |
| $-34$ | 0,185 | 0,1565 | $-8,069$ | $+14$ | 11,99 | 10,30 | $+9,56$ |
| $-33$ | 0,205 | 0,1734 | $-7,820$ | $+15$ | 12,79 | 11,00 | $+10,2$ |
| $-32$ | 0,227 | 0,1920 | $-7,569$ | $+16$ | 13,63 | 11,74 | $+10,9$ |
| $-31$ | 0,252 | 0,2132 | $-7,316$ | $+17$ | 14,53 | 12,54 | $+11,6$ |
| $-30$ | 0,280 | 0,2369 | $-7,062$ | $+18$ | 15,48 | 13,37 | $+12,4$ |
| $-29$ | 0,311 | 0,2631 | $-6,807$ | $+19$ | 16,48 | 14,25 | $+13,2$ |
| $-28$ | 0,345 | 0,2919 | $-6,550$ | $+20$ | 17,54 | 15,19 | $+14,0$ |
| $-27$ | 0,383 | 0,3242 | $-6,291$ | $+21$ | 18,65 | 16,18 | $+14,8$ |
| $-26$ | 0,425 | 0,3596 | $-6,030$ | $+22$ | 19,83 | 17,24 | $+15,7$ |
| $-25$ | 0,471 | 0,3986 | $-5,767$ | $+23$ | 21,07 | 18,33 | $+16,6$ |
| $-24$ | 0,521 | 0,4409 | $-5,503$ | $+24$ | 22,38 | 19,51 | $+17,6$ |
| $-23$ | 0,576 | 0,4875 | $-5,236$ | $+25$ | 23,76 | 20,77 | $+18,6$ |
| $-22$ | 0,636 | 0,5383 | $-4,965$ | $+26$ | 25,21 | 22,09 | $+19,6$ |
| $-21$ | 0,701 | 0,5934 | $-4,692$ | $+27$ | 26,74 | 23,47 | $+20,7$ |
| $-20$ | 0,772 | 0,654 | $-4,42$ | $+28$ | 28,35 | 24,93 | $+21,9$ |
| $-19$ | 0,850 | 0,720 | $-4,14$ | $+29$ | 30,04 | 26,49 | $+23,1$ |
| $-18$ | 0,935 | 0,792 | $-3,86$ | $+30$ | 31,82 | 28,14 | $+24,3$ |
| $-17$ | 1,027 | 0,870 | $-3,57$ | $+31$ | 33,70 | 29,88 | $+25,6$ |
| $-16$ | 1,128 | 0,955 | $-3,28$ | $+32$ | 35,66 | 31,69 | $+27,0$ |
| $-15$ | 1,238 | 1,048 | $-2,98$ | $+33$ | 37,73 | 33,64 | $+28,4$ |
| $-14$ | 1,357 | 1,150 | $-2,68$ | $+34$ | 39,90 | 35,69 | $+29,9$ |
| $-13$ | 1,486 | 1,237 | $-2,37$ | $+35$ | 42,18 | 37,9 | $+31,5$ |

für die Raumkühlung wichtigste Temperaturgebiet in Zahlentafel 1 zusammengestellt. Sie gelten für einen Druck $h = 735{,}5$ mm Hg.

Wir tragen nun für einige Temperaturen die $x_s$-Werte in das *J*-*x*-Diagramm ein, verbinden sie durch einen Kurvenzug und erhalten auf diese Weise die sog. Sättigungslinie (Abb. 2). Die Kurve weist bei 0°

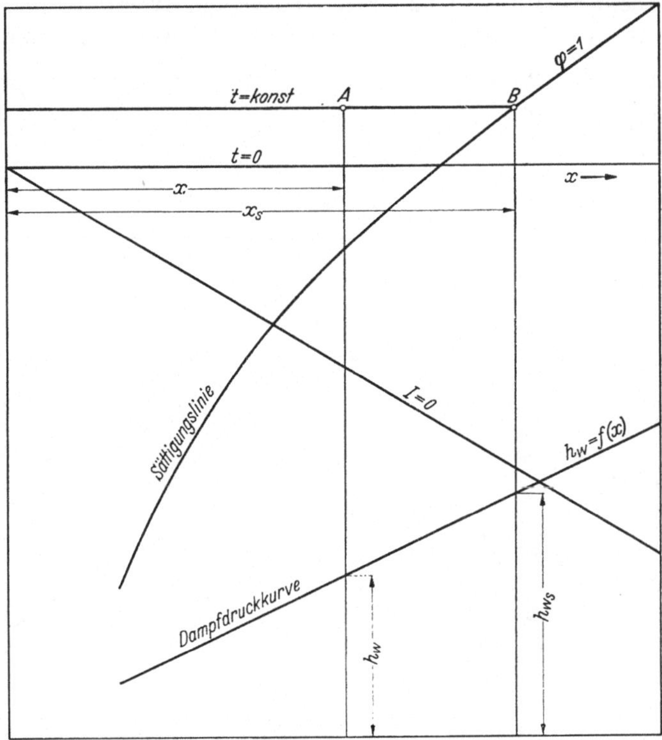


Abb. 2. Ermittlung der relativen Feuchtigkeit.

einen Knick auf, weil für die Minustemperaturen die Dampfdrücke über Eis der Berechnung zugrunde liegen.

Die relative Feuchtigkeit ist definiert durch die Beziehung

$$(7) \qquad \varphi = \frac{h_w}{h_{ws}} .$$

Damit erhalten wir gemäß Gleichung (5)

$$(8) \qquad x = \frac{0{,}622\,\varphi\,h_{ws}}{h - \varphi\,h_{ws}}$$

und für den Wärmeinhalt bei der Temperatur $t$ und der relativen Feuchtigkeit $\varphi$ mit Gleichung (1)

$$(9) \qquad J = 0{,}24\,t + \frac{0{,}622\,\varphi\,h_{ws}}{h - \varphi\,h_{ws}}\,(595 + 0{,}46\,t) .$$

Zeichnen wir in das Diagramm außerdem noch die Dampfdruckkurve nach Zahlentafel 1 ein, so kann für irgendeinen Zustand die relative Feuchtigkeit leicht auf folgende Weise ermittelt werden.

Die vom Zustandspunkt $A$ und dem Schnittpunkt $B$ der zu ihm gehörigen $t$-Geraden mit der Sättigungslinie auf die $x$-Achse gefällten Lote schneiden auf der Dampfdruckkurve die Werte $h_w$ und $h_{ws}$ ab. Die relative Feuchtigkeit berechnet sich dann nach Gleichung (7).

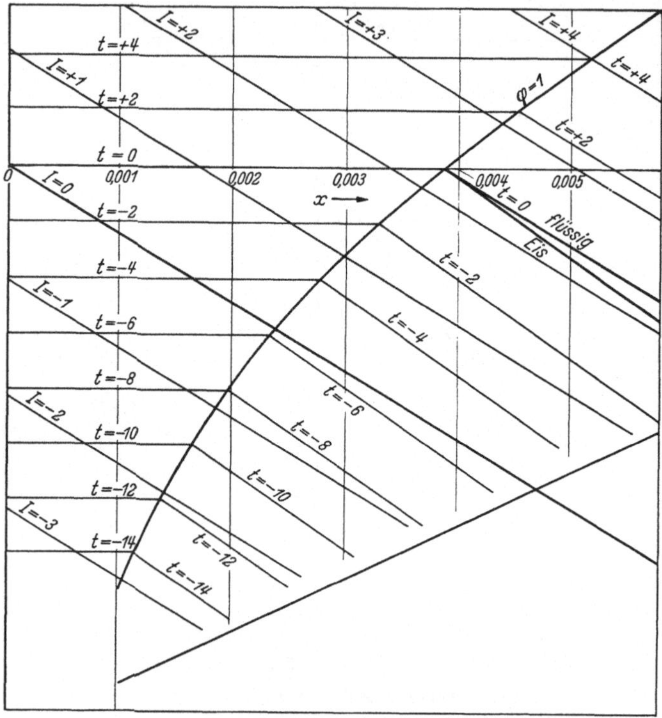


Abb. 3. Temperaturlinien im Sättigungsgebiet.

Die Sättigungslinie teilt das Diagramm in zwei Hälften. Der ganze Bereich links von ihr stellt das Gebiet nichtgesättigter Luft dar, während das Gebiet rechts von ihr Gemischen von gesättigter Luft und flüssigem Wasser oder Eis entspricht. Der Wärmeinhalt eines solchen Gemisches bei der Temperatur $t$ beträgt

$$(10) \qquad\qquad J = J_s + (x - x_s)\, i_w,$$

wobei $J_s$ den Wärmeinhalt auf der Sättigungslinie und $x$ den gesamten teils dampfförmigen ($x_s$), teils flüssigen ($x - x_s$) oder eisförmigen Wassergehalt des Gemisches bedeutet. Die Temperaturlinien sind auch in diesem Gebiet Gerade, und zwar mit der Neigung $i_w$ gegen die $J$-Achse.

Für $t = 0$ und flüssiges Wasser $(i_w = 0)$ ist diese Gerade den $J$-Linien parallel, oberhalb von $0°$ verläuft sie flacher, unter $0°$ steiler als die $J$-Linien. Bei $0°$ über Eis ist $i_w = -80$; für diese Temperatur gibt es also im Sättigungsgebiet zwei Linien (Abb. 3).

Ein großer Teil der praktisch vorkommenden Zustandsänderungen der Luft geschieht bei veränderlichem Dampfgehalt. Wird eine Luftmenge von $1 + x_1$ kg mit dem Wärmeinhalt $J_1$ in irgendeinen andern Zustand $J_2$, $x_2$ übergeführt, so bedeutet der Quotient $\dfrac{J_2 - J_1}{x_2 - x_1}$ die Änderung von $J$ je kg zugeführten oder entzogenen Wasserdampfes. Im $J$-$x$-Diagramm wird dieser Quotient durch den Neigungswinkel der Verbindungsgeraden der beiden Zustandspunkte $J_1$, $x_1$ und $J_2$, $x_2$ gegen die $x$-Achse dargestellt.

Die praktische Bedeutung dieses Wertes wird deutlich, wenn wir die Vorgänge beim Mischen zweier Luftmengen verschiedenen Zustandes und bei der Zumischung von Wasser oder Wasserdampf betrachten, auf die sich die überwiegende Anzahl der vorkommenden Zustandsänderungen zurückführen lassen.

Es soll eine Menge $G_1$ feuchter Luft vom Zustande $J_1$, $x_1$, die $L_1$ kg trockene Luft enthält, mit einer anderen $G_2$, $J_2$, $x_2$, $L_2$ von gleichem Druck gemischt werden. Der Zustand der Luft nach der Mischung $(J_m, x_m)$ ist zu bestimmen. Ist das Mischungsverhältnis

$$n = \frac{L_2}{L_1},$$

so kommen auf eine Menge von $1 + x$ kg der Luftmenge $G_1$ $n(1 + x_2)$ kg der Luftmenge $G_2$. Für die Mischung gilt dann die Gleichung

$$J_1 + n J_2 = (1 + n) J_m,$$

woraus

$$(11) \qquad J_m = \frac{J_1 + n J_2}{1 + n}$$

folgt. Das Gemisch enthält $1 + n$ kg trockene Luft und $x_1 + n x_2$ kg Wasserdampf. Es ist demnach

$$(12) \qquad x_m = \frac{x_1 + n x_2}{1 + n}.$$

Schreiben wir die Gleichungen (11) und (12) in der Form

$$J_1 - J_m = n (J_m - J_2)$$

und

$$x_1 - x_m = n (x_m - x_2)$$

und dividieren beide durcheinander, so wird

$$(13) \qquad \frac{J_1 - J_m}{x_1 - x_m} = \frac{J_m - J_2}{x_m - x_2}.$$

Dies ist die Gleichung einer Geraden mit den Koordinaten $J_m$, $x_m$, die durch die Punkte $J_1$, $x_1$ und $J_2$, $x_2$ geht. Der Zustandspunkt des Gemisches zweier Luftmengen mit den Zustandspunkten 1 und 2 liegt also im $J$-$x$-Diagramm stets auf der Verbindungslinie beider Punkte. Er ist bestimmt durch den Quotienten $\dfrac{J_2 - J_1}{x_2 - x_1}$, sowie eine der beiden Gleichungen (11) oder (12).

Mischen wir eine Luftmenge $G = L(1 + x_1)$ kg vom Zustande $J_1$, $x_1$ mit $W$ kg Wasser oder Wasserdampf, dessen Wärmeinhalt $i_w$ betrage, so errechnet sich der Zustand des Gemisches $J_2$, $x_2$ wie folgt:

Für die Mischung der $L$-ten Teile $G/L$ und $W/L$ gelten die Gleichungen

$$J_1 + \frac{W}{L}\, i_w = J_2$$

und

$$(14) \qquad x_1 + \frac{W}{L} = x_2 .$$

Dividiert man beide Gleichungen durcheinander, so erhält man

$$(15) \qquad \frac{J_2 - J_1}{x_2 - x_1} = i_w .$$

Für Sattdampf von 1 ata ist $i_w \sim 640$, für Wasser zwischen 0 und 100° ist $i_w = t_w$, schwankt also zwischen 0 und 100 kcal/kg. Ist demnach der Quotient $\dfrac{J_2 - J_1}{x_2 - x_1}$ bekannt, so ist damit die Richtung der Zustandsänderung gegeben und Gleichung (14) gibt die Lage des Zustandspunktes der Mischung auf dieser Richtungsgeraden an.

Nach einem Vorschlage von Mollier ist deshalb ein Richtungsmaßstab für den Wert $J/x$ am Rande der Tafel angebracht. Will man die Richtung irgendeiner Zustandsänderung 1—2 ermitteln, so hat man nur durch den Punkt 1 zu der Verbindungslinie des Punktes $t = 0$, $x = 0$ mit dem bekannten $J/x$-Wert am Rande eine Parallele zu ziehen.

Abb. 4 (in vergrößertem Maßstab als Tafel I im Anhang) enthält alle besprochenen in den Abb. 1 bis 3 einzeln dargestellten Kurven für den Temperaturbereich von —30 bis +40°, der das wichtigste Anwendungsgebiet der Raumkühlung umschließt. Der Anhang enthält außerdem eine weitere Tafel II für das Gebiet sehr tiefer Temperaturen im Bereich von — 60°  bis 0°.


# III. Die Luftbewegung im Kühlraum.

Bei der Kühlung von Räumen haben sich zwei Verfahren ausgebildet: die sog. „stille" Kühlung und die „bewegte" Kühlung.

Bei der „stillen" Kühlung sind die wärmeabführenden Flächen unmittelbar im Raume untergebracht. Sie werden so angeordnet, daß die kalte Luft infolge ihres höheren spezifischen Gewichtes nach unten strömen kann. Bei ihrem Durchgang durch den Raum erwärmt sie sich, steigt wieder aufwärts und wird von neuem gekühlt. Es entsteht so ein Luftumlauf, der ohne künstliche Hilfsmittel aufrechterhalten wird.

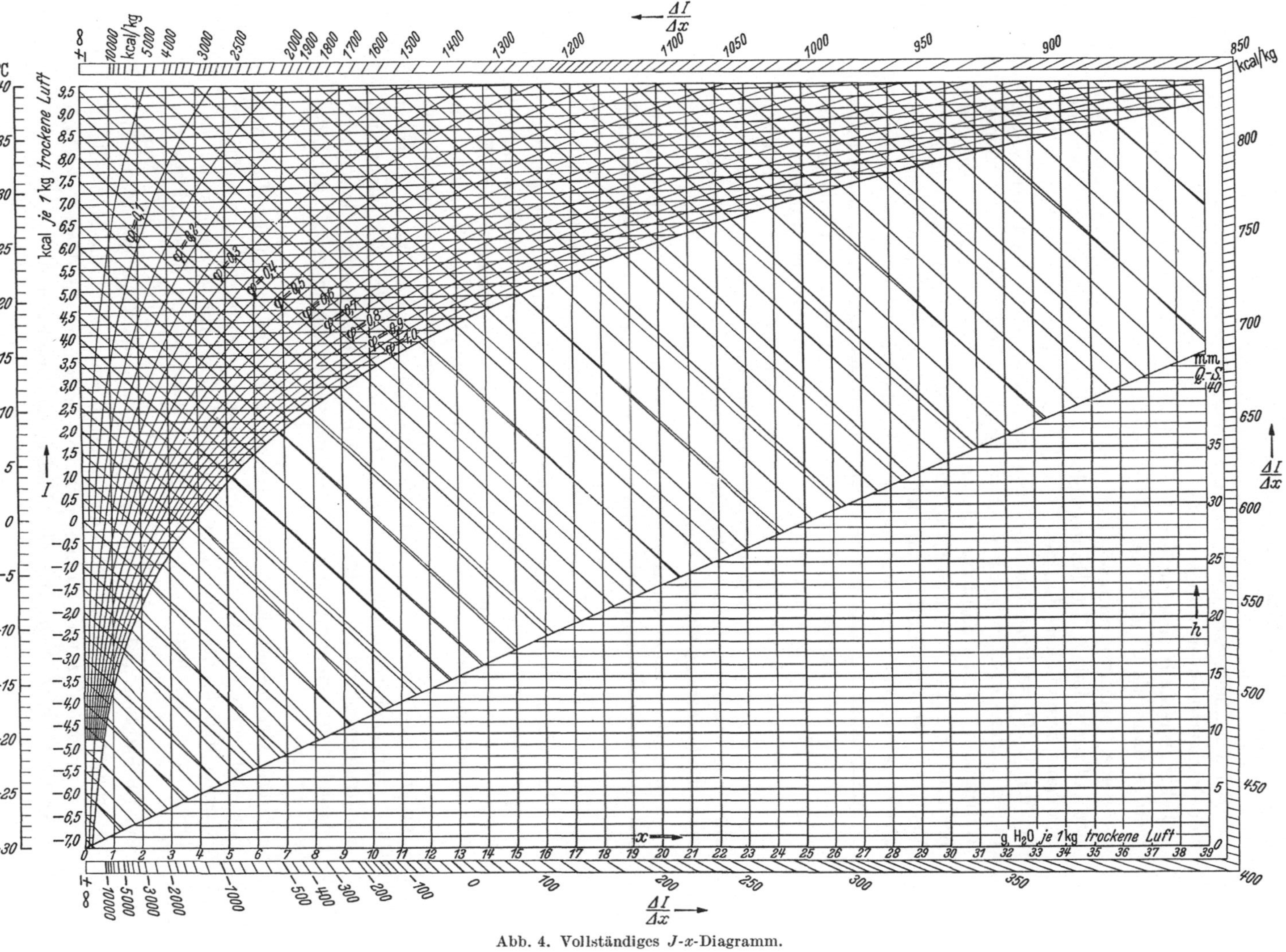


Abb. 4. Vollständiges J-x-Diagramm.

Bei der „bewegten Kühlung" wird dieser Umlauf durch Anwendung von Ventilatoren erzwungen. Die kalten Flächen können infolgedessen beliebig innerhalb oder außerhalb des Raumes angeordnet werden und werden dann als „Luftkühler" bezeichnet.

Beide Verfahren unterscheiden sich grundsätzlich nur durch die Art der Luftumwälzung. Im Raume selbst braucht bei „bewegter" Kühlung durchaus keine höhere Luftgeschwindigkeit zu herrschen als bei „stiller" Kühlung. Diese Bezeichnungen sind demnach irreführend und sollten durch andere ersetzt werden: etwa durch „Kühlung mit natürlichem Luftumlauf" und „Kühlung mit erzwungenem Luftumlauf". Die Anordnung der Flächen außerhalb des Raumes bei dem letztgenannten Verfahren ist ohne Einfluß auf den Luftzustand. Sie geschieht lediglich aus konstruktiven oder praktischen Rücksichten.

Maßgebend für die Richtung der Luftbewegung im Raum ist die Anordnung der kalten Flächen bzw. der Luftführung in bezug auf die warmen Flächen, d. h. die Wände. Außerdem wird sie beeinflußt durch die Anordnung des Kühlgutes sowie seine Temperatur im Verhältnis zur Raumtemperatur, insofern als nämlich, wie wir sehen werden, abkühlendes Gut an seiner Oberfläche eine andere Luftbewegung hervorruft als durchgekühltes Gut.

Bevor wir uns anschicken, die wichtigsten der hier möglichen Anordnungen durchzusprechen, wollen wir uns grundsätzlich den Einfluß warmer, kalter und verdunstender Oberflächen sowie einer Änderung der Luftfeuchtigkeit auf die Luftbewegung vergegenwärtigen.

Wird die Luft mit einer wärmeren Fläche in Berührung gebracht, so spielt sich folgender Vorgang ab. Die Schicht unmittelbar an der Fläche wird zunächst durch Leitung erwärmt und gibt einen Teil dieser Wärme wieder durch Leitung an die nächstliegenden Schichten ab. Mit der Erhöhung der Temperatur ist eine Verringerung des spezifischen Gewichtes verbunden. Die Luft strömt nach oben und macht zugleich Platz für nachströmende kältere Luft. Im Laufe der Zeit stellt sich Beharrungszustand ein. Es bildet sich ein bestimmter Bewegungszustand und eine bestimmte Temperaturverteilung innerhalb der Luftschicht aus.

Diese Geschwindigkeits- und Temperaturverteilung in der Luft vor einer senkrechten, wärmeabgebenden Metallplatte wurde von E. Schmidt[2] experimentell untersucht. Das Ergebnis ist in Abb. 5 dargestellt, das dieser Arbeit entnommen wurde. Als Abszisse ist der Abstand von der Platte, als Ordinate Temperatur und Geschwindigkeit aufgetragen. Die Buchstaben und römischen Ziffern geben die Lage der Meßstellen an; es genügt in diesem Zusammenhange zu wissen, daß die Meßstellen $I$ und $a$ unten, $VII$ und $e$ oben und die übrigen in annähernd gleichem Abstand an bzw. gegenüber der Platte angebracht sind.

Wir entnehmen daraus als 'wichtigstes Ergebnis, daß das veränderliche Temperatur- und Geschwindigkeitsfeld sich auf eine Schicht von nur 12 bis 15 mm beschränkt. Unmittelbar an der Wand selbst ist die Geschwindigkeit gleich Null, sie erreicht ihr Maximum bei 2 bis 3 mm Abstand von der Wand und klingt dann rasch wieder ab. Mit der Höhe der Wand nehmen die Luftgeschwindigkeiten zu und ihre Maxima entfernen sich von ihr. Schmidt stellte weiter fest, daß die Dicke dieser

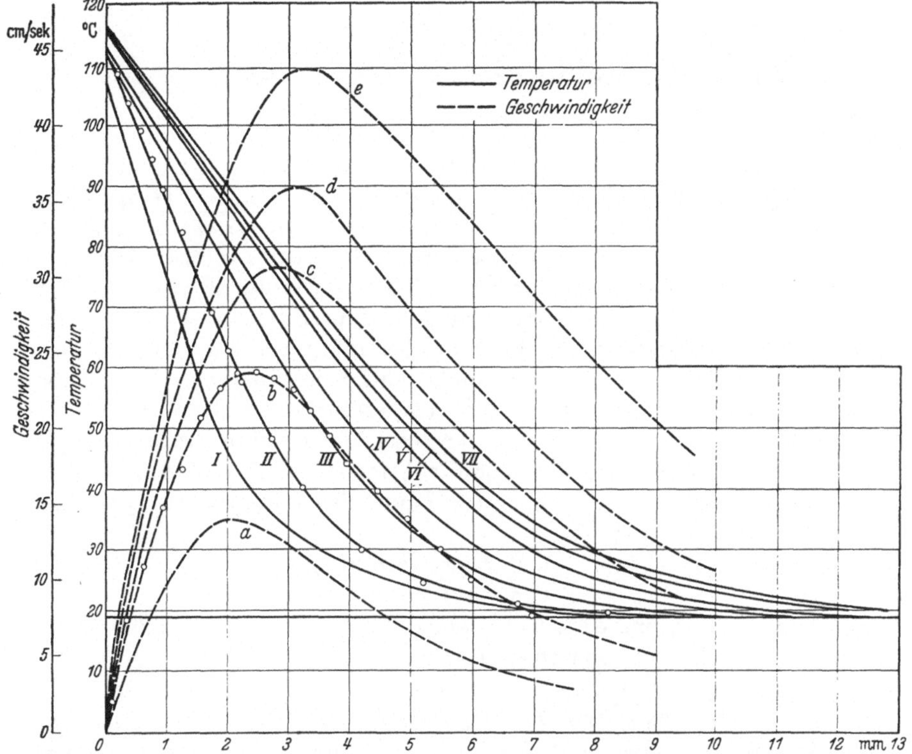


Abb. 5. Temperatur- und Geschwindigkeitsverteilung in der Luft an einer senkrechten Metallplatte.

Übergangsschicht nur wenig vom Temperaturunterschied abhängt und beispielsweise bei 15° Übertemperatur nur etwa um $^1/_5$ größer ist als bei 100°. Es ist daher anzunehmen, daß auch bei kalten Flächen das Temperatur- und Geschwindigkeitsfeld von ähnlicher Gestalt ist, nur daß sich die Vorzeichen der Temperaturdifferenz und die Richtung der Geschwindigkeit umkehren.

Aber auch die Änderung der relativen Feuchtigkeit der Luft hat eine Änderung des spezifischen Gewichtes und damit eine Luftbewegung zur Folge, wie im folgenden abgeleitet werden soll (Grubenmann[3], $J$-$x$-Tafeln feuchter Luft).

Aus Gleichung (4) erhalten wir das spezifische Volumen, wenn wir von der Gemischmenge $1 + x$ kg auf 1 kg übergehen. Es ist demnach

$$v = \frac{V}{1 + x} = \frac{(2{,}153 + 3{,}461\,x)\,T}{(1 + x)\,h}$$

oder

$$v = \frac{3{,}461\,T\,(x + 0{,}622)}{(1 + x)\,h}\,.$$

Das spezifische Gewicht ist der reziproke Wert, also

$$(16) \qquad \gamma = \frac{(1 + x)\,h}{3{,}461\,(x + 0{,}622)\,T}\,.$$

Setzen wir $x = 0$, so erhalten wir das spezifische Gewicht trockener Luft mit

$$(17) \qquad \gamma = \frac{h}{2{,}153\,T}\,.$$

Feuchte Luft ist leichter als trockene Luft gleicher Temperatur, und zwar ist der Unterschied der spezifischen Gewichte zwischen beiden um so größer, je höher der Wasserdampfgehalt der Luft ist. Eine Erhöhung der relativen Feuchtigkeit, die bei konstanter Temperatur vor sich geht, hat also eine Verringerung des spezifischen Gewichtes und damit einen Auftrieb zur Folge. Nun aber pflegt bei den praktisch vorkommenden Zustandsänderungen die Feuchtigkeitsaufnahme oder -abgabe nur ausnahmsweise bei konstanter Temperatur zu erfolgen.

Allgemein verhalten sich die spezifischen Gewichte zweier Dampf-Luftgemische, von denen das eine die Temperatur $T_1$ und den Dampfgehalt $x_1$, das andere die Temperatur $T_2$ und den Dampfgehalt $x_2$ besitzt, gemäß Gleichung (16) wie

$$\frac{\gamma_1}{\gamma_2} = \frac{(1 + x_1)\,(x_2 + 0{,}622)\,T_2}{(1 + x_2)\,(x_1 + 0{,}622)\,T_1}\,.$$

Es ist nun $\gamma_1 = \gamma_2$ und es tritt bei einer Mischung demnach keine Änderung des spezifischen Gewichtes auf, wenn

$$(18) \qquad \frac{1 + x_1}{(x_1 + 0{,}622)\,T_1} = \frac{1 + x_2}{(x_2 + 0{,}622)\,T_2} = \text{const.}$$

Die Kurven $\gamma = \text{const}$ sind nun im $J$-$x$-Diagramm annähernd Gerade mit der Richtung $J/x \sim 570$, welche durch den Randmaßstab gegeben ist. Für Richtungen $J/x > 570$ wird das spezifische Gewicht kleiner, während für Richtungen $J/x < 570$ eine Zunahme desselben auftritt. Die Beimischung von Wasserdampf, bei der $J/x \sim 640$ wird, hat demnach stets eine aufwärtsgerichtete Luftströmung zur Folge. Hingegen erfolgt bei Zumischung von zerstäubtem Wasser eine Abwärtsströmung, weil dann $J/x$ gleich der Wassertemperatur und somit kleiner als 570 wird.

Die Zumischung von Wasser oder Wasserdampf geschieht zuweilen zwecks Regulierung der Feuchtigkeit in einem Raum. Weitaus häufiger erfolgt aber die Anreicherung der Luft mit Feuchtigkeit durch Verdunstung wasserhaltigen Gutes.

Verdunstung tritt ein, wenn die Dampfspannung über der Oberfläche einer Flüssigkeit oder auch einer feuchten Oberfläche höher ist als der Partialdruck des Wasserdampfes in der Luft. Der sich bildende Wasserdampf verteilt sich in der Luft durch Konvektion und Diffusion, ein Vorgang, der langsam bei ruhender, schneller bei bewegter Luft erfolgt. Die Voraussetzung für das Eintreten von Verdunstung ist immer

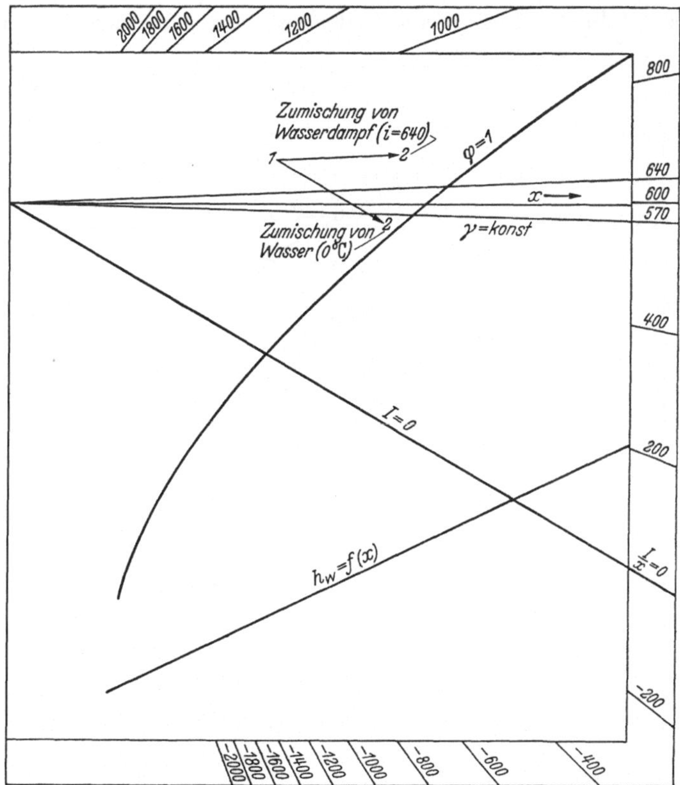


Abb. 6. Zustandsänderungen im $J$-$x$-Diagramm bei Mischvorgängen.

gegeben, wenn die feuchte Oberfläche eine höhere Temperatur als die Luft besitzt. Während der Abkühlung eines feuchten Gutes findet also auch dann Verdunstung statt, wenn die relative Feuchtigkeit der Luft 100% beträgt. Das verdunstende Wasser geht dann als Nebel an die Luft über.

Ist das Gut auf die Raumtemperatur herabgekühlt, so besteht nur bei nichtgesättigter Luft noch eine Dampfspannungsdifferenz, die eine weitere Verdunstung einleitet. Die hierfür erforderliche Verdampfungswärme wird anfangs dem Wärmeinhalt des Kühlgutes selbst entzogen, wodurch dessen Temperatur weiter sinkt. Damit setzt sofort eine Wärmezufuhr aus der Luft ein. Das Absinken der Kühlguttemperatur dauert an, bis die mit größerem Temperaturunterschied wachsende Wärmezufuhr gerade ausreicht, um die Verdampfungswärme zu decken. Bei diesem Vorgang aber haben wir es mit einer Mischung von Luft und Wasser zu tun. Die Zustandsänderung der Luft erfolgt also im $J$-$x$-Diagramm längs der Richtung $J/x = t_f$, wenn $t_f$ die Temperatur der feuchten Oberfläche bezeichnet. Den Zustand der mit der Oberfläche unmittelbar

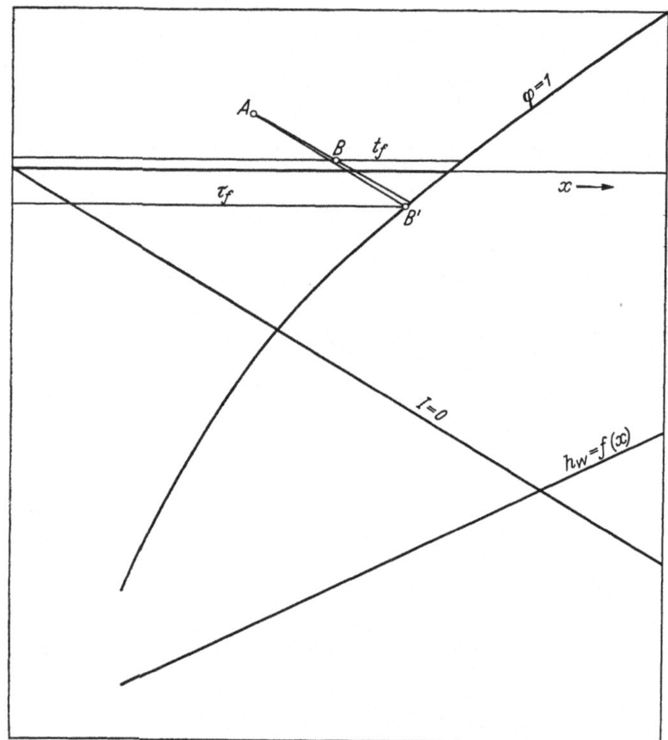


Abb. 7. Der Verdunstungsvorgang im $J$-$x$-Diagramm.

in Berührung stehenden Luftschicht (Punkt $B$ und $B'$ in Abb. 7) erhält man, indem man die Gerade $t_f = $ const mit der durch den Zustandspunkt der Luft ($A$) gelegten Geraden $J/x = t_f$ zum Schnitt bringt. Durch Steigerung der Luftgeschwindigkeit kann nun die Verdunstung erhöht werden, was zur Folge hat, daß die Oberflächentemperatur weiter absinkt. Erst wenn die relative Feuchtigkeit der über der Oberfläche stehenden Luftschicht 100% beträgt, hört eine weitere Temperatursenkung auf. In diesem Zustand ist die sog. „Kühlgrenze" erreicht ($\tau_f$ in Abb. 7). Steigert man die Luftgeschwindigkeit weiter, so steigt wohl die verdunstende Wassermenge, die Kühlgrenztemperatur aber bleibt bestehen.

Nach diesen Ausführungen ist es nun leicht, die Richtung der bei der Verdunstung auftretenden Luftbewegung anzugeben. Bei der Abkühlung feuchten Gutes wird der Luft außer der Feuchtigkeit auch noch Wärme zugeführt. Ihre Temperatur steigt, und somit erfolgt die Richtung der Zustandsänderung immer auf einem Richtungsstrahle $J/x > 570$. Bei der Lagerung hingegen nimmt die Temperatur der mit der Oberfläche in Berührung stehenden Luftschicht ab, weil sie die Verdunstungswärme liefert. Die Zustandsänderung erfolgt also auf einem Richtungsstrahle $J/x < 570$.

Demnach tritt für die an der Oberfläche eines feuchten Kühlgutes vorbeistreichende Luft während der Abkühlung Verminderung des spezifischen Gewichtes und damit eine Aufwärtsbewegung, während der Lagerung dagegen eine Erhöhung des spezifischen Gewichtes verbunden mit einer Abwärtsbewegung auf.

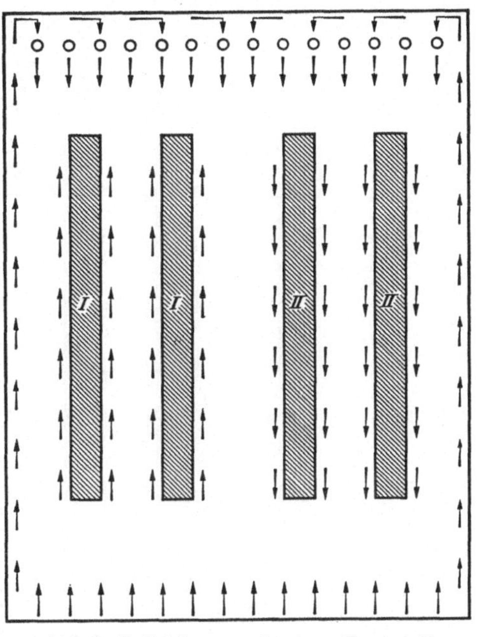


Abb. 8. Luftströmungen in einem Raum mit Deckenberohrung.

Über die Luftbewegung in Kühlräumen liegen keine systematischen Beobachtungen vor. Wenn wir daher im folgenden versuchen wollen, auf Grund der soeben aufgestellten Gesetzmäßigkeiten darüber ein Bild zu gewinnen, so haben wir uns darüber klar zu sein, daß dieses nur das grundsätzliche Verhalten, nicht aber die wirklichen Verhältnisse in allen Einzelheiten wiedergeben kann.

Wir betrachten zunächst die Luftströmungen in einem Raum mit natürlichem Luftumlauf, bei dem die Kühlrohre an der Decke angeordnet sind (Abb. 8). Das Kühlgut I sei in Abkühlung begriffen, das Kühlgut II sei bereits durchgekühlt. Die zu erwartenden Luftströmungen sind durch Pfeile angedeutet. Bei Deckenberohrung treffen zwei Strömungen von entgegengesetzter Richtung unmittelbar aufeinander: die kalte Luft, die von den Kühlrohren herabfällt, und die warme, die vom Boden aufsteigt. Die Folge ist zunächst, daß ihre Geschwindigkeiten einander aufzuheben suchen, andererseits aber, daß warme und kalte Luft sich gut mischen werden. An den Wänden hingegen findet eine ungehinderte Aufwärtsbewegung statt, während je nach der Temperatur des Kühlgutes die durch die Verdunstung desselben entstehenden Luftströmungen diesen Luftumlauf unterstützen oder hindern. Durchgekühltes Gut verstärkt die Abwärtsbewegung in der Mitte des Kühlraumes und damit zugleich die Aufwärtsbewegung längs der Wände, vergrößert also den Luftumlauf überhaupt. Dagegen könnte die an abkühlendem Gut entstehende Aufwärtsbewegung eine Stauung verursachen, indem sie die kalte Luft hindert, nach abwärts zu strömen.

Anders ist dies bei Anordnung der Kühlrohre längs der Wände (Abb. 9). Die kalte Luft strömt hier an den Kühlrohren entlang nach abwärts und steigt weniger an den Wänden als vielmehr in der Mitte des Raumes nach oben. In diesem Fall unterstützt das abkühlende Gut die Luftbewegung, während das durchgekühlte sie hindert. Da nun bei natürlichem Luftumlauf die überhaupt auftretenden Luftgeschwindigkeiten gering sind und eine Stauung unter allen Umständen vermieden werden muß, so kann man sagen, daß in ausgesprochenen

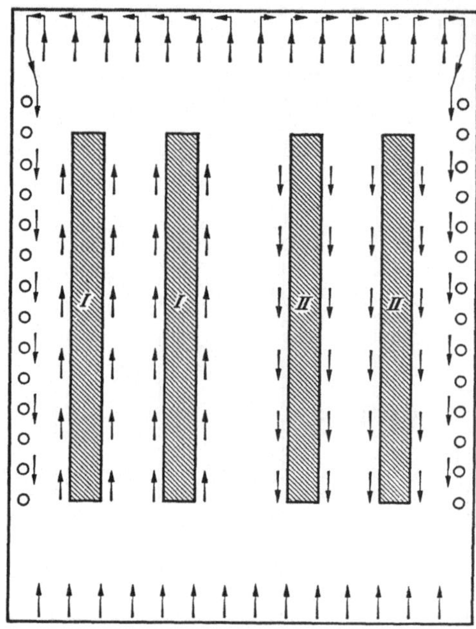

Abb. 9. Luftströmungen in einem Raum mit Wandberohrung.

Kaltlagerräumen im allgemeinen Deckenanordnung, in Abkühlräumen dagegen Wandanordnung der Kühlrohre günstiger sein wird.

Weiterhin aber muß in Räumen mit Wandanordnung der Kühlflächen überhaupt eine stärkere Luftbewegung auftreten als in solchen mit Deckenanordnung, da die vom Boden aufsteigende warme Luft nicht auf herabfallende kalte Luftströmungen stößt und ungehinderter nach oben steigen kann. Außerdem werden sich bei Wandanordnung größere Temperaturunterschiede im Raum ausbilden als bei Deckenanordnung, was durch zahlreiche Versuche an Eisschränken mit seitlicher Beeisung im Vergleich zu solchen mit sog. Obereiskühlung bestätigt wird. Während nun meist bei der Lagerung eine möglichst gleichmäßige Temperatur im ganzen Raume verlangt wird, ist dagegen bei der Abkühlung eine kräftige Luftbewegung erwünscht.

Es spricht also auch dieser Umstand für Anwendung der Decken-berohrung im ersten, der Wandberohrung im zweiten Falle.

Schließlich ist noch der häufig vorkommende Fall zu besprechen, daß das Kühlgut auf Regalen gelagert wird, wie dies in Abb. 10 für Deckenberohrung dargestellt ist. Es soll hier wieder auf der linken Seite abkühlendes, auf der rechten Seite abgekühltes Gut vorhanden sein. Eng gestapeltes Gut wird sowohl der aufsteigenden warmen als auch der herabfallenden kalten Luft einen Widerstand entgegen-setzen, und es ist zu erwar-ten, daß um das Kühlgut herum nur sehr geringe Luft-geschwindigkeiten vorhanden sein werden. Dazu kommt, daß an der Oberfläche durch-gekühlten Gutes eine abwärts gerichtete Luftströmung auf-tritt. Es besteht deshalb hier in besonders hohem Maße Gefahr, daß sich diese Luft über den Regalen sammelt, mit Wasserdampf sättigt und ein vorzeitiges Verderben der Ware herbeiführt. Beim ab-kühlenden Gut ist diese Ge-fahr geringer, weil die vom Kühlgut ausgehende Bewe-gung nach oben gerichtet ist, so daß neue Luft nachströ-men kann. Jedoch erscheint

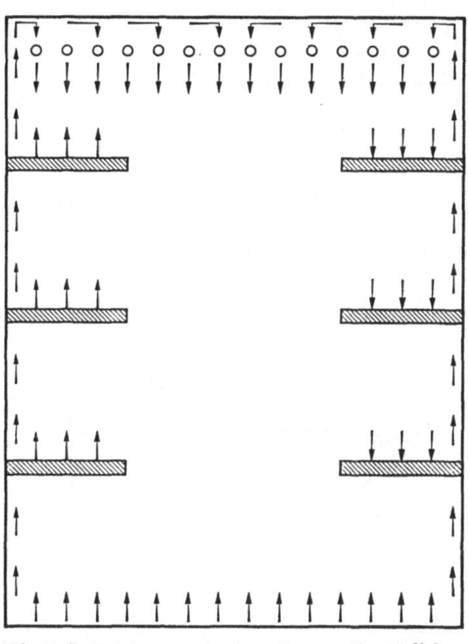

Abb. 10. Luftströmungen in einem Raum mit natürlichem Luftumlauf bei Lagerung des Gutes auf Regalen.

es bei Regallagerung des Kühlgutes auf jeden Fall besser, den natür-lichen durch den künstlichen Luftumlauf zu ersetzen.

Wir können unsere Betrachtungen über die Kühlung mit natürlichem Luftumlauf folgendermaßen zusammenfassen:

*Bei Kühlung mit natürlichem Umlauf entsteht bei Deckenanordnung der Kühlrohre eine gleichmäßigere Raumtemperatur aber eine geringere Luftbewegung als bei Wandanordnung. In Räumen, die vorwiegend der Abkühlung dienen, ist Wandanordnung vorzuziehen. In ausgesprochenen Kaltlagerräumen ist je nachdem, ob gleichmäßigere Temperatur oder größere Luftbewegung erwünschter ist, Decken- oder Wandanordnung anzuwenden. Bei Lagerung des Kühlgutes auf Regalen ist Kühlung mit natürlichem Luftumlauf überhaupt nach Möglichkeit zu vermeiden.*

Die Kühlung mit erzwungenem Luftumlauf unterscheidet sich von der mit natürlichem Umlauf zunächst dadurch, daß man die Größe

desselben und damit die im Raume auftretende Lufterwärmung beeinflussen kann. Weiterhin aber hat man, und das ist in diesem Zusammenhange wichtig, Freiheit in der Anordnung der Kühlflächen und der
Luftführung.

In begangenen Räumen ordnet man am häufigsten Druck- und Saugkanäle an der Decke an, und zwar in der Weise, daß beide miteinander
abwechseln, wie dies in Abb. 11 dargestellt ist. Das Kühlgut I sei wieder
in Abkühlung begriffen, das Kühlgut II bereits durchge-
kühlt. Es herrschen dann ähnliche Verhältnisse wie bei Kühlung mit natürlichem Luftumlauf und Deckenanordnung. Die aufsteigende warme und die herabfallende kalte Luft werden sich gut mischen und die Raumtemperatur relativ gleichmäßig sein; die Luftbewegung da-
gegen wird gering bleiben. Die Luftkanäle dürfen dabei nicht zu nahe nebeneinander angeordnet werden, damit die aus den Drucköffnungen aus-
tretende kalte Luft nicht so-
fort wieder durch die Saug-
öffnungen angesaugt wird, ohne den Raum passiert zu haben. Andererseits sollte einer gleichmäßigen Kühlung

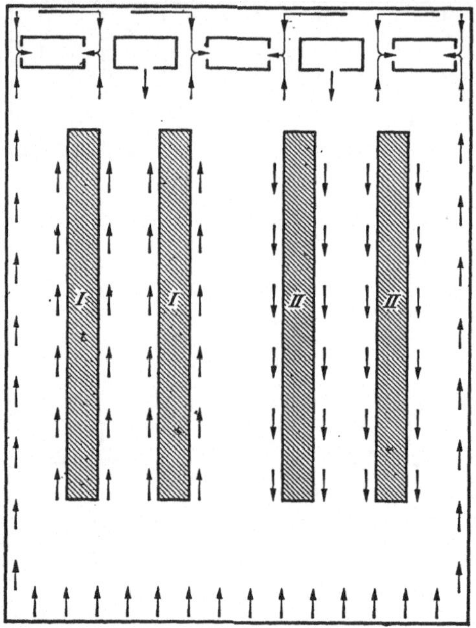

Abb. 11. Luftströmungen in einem Kühlraum bei
Deckenanordnung der Druck- und Saugkanäle.

wegen ein möglichst geschlossener Luftstrom erzeugt werden, damit sich
nicht tote Ecken und Winkel warmer Luft bilden, wie das auch bei
der sog. „bewegten" Kühlung nicht selten vorkommt.

Aus diesen Gründen wäre es richtiger, die Druckkanäle sämtlich
in der Mitte, die Saugöffnungen dagegen längs der Wände anzuordnen,
an denen die Luft sowieso aufsteigt. Man hätte damit den Vorteil einer
gleichmäßigeren Temperaturverteilung im Raum und zugleich einer
besseren Luftbewegung. Diese Art der Kanalführung innerhalb einer
falschen Decke ist in Abb. 12 dargestellt.

Handelt es sich um einen Kühlraum, in dem das Gut auf Regalen
gelagert wird, so erscheint es am vorteilhaftesten, die Luft unterhalb
der Regale zu- und über den Regalen abzuführen (Abb. 13), um die
Polster sich stauender Luft oberhalb der Regale mit Sicherheit zu vermeiden.

Auch in Abkühlräumen, in denen eine möglichst starke Luftbewegung erwünscht ist, empfiehlt es sich, die Luft unten zuzuführen. Lassen sich in begangenen Räumen die Druckkanäle nicht im Fußboden unterbringen, was man wegen der schwierigen Reinigung vermeiden wird, so ordnet man sie zweckmäßigerweise an oder in den Wänden an oder benutzt dazu Gebäudepfeiler, aus denen die Luft in der Nähe des Fußbodens austritt[4].

Bei der Kühlung von Aufenthaltsräumen für Menschen hat sich die in Abb. 14 dargestellte Luftführung als die in jeder Hinsicht beste bewährt. Die Luft wird hier an der Decke zu- und am Boden unter den Sitzen abgeführt. Die Menschen geben an die Luft sowohl Wärme als auch Feuchtigkeit ab. Die an ihrer Oberfläche entstehende Luftbewegung ist also nach oben gerichtet. Die herabfallende kalte und die aufsteigende warme Luft dürften sich in einer Zone mischen, die etwa in der Höhe der Köpfe liegt. Bei ihrem Aufeinandertreffen wird die Luftgeschwindigkeit gering, so daß keine Zugerscheinungen zu befürchten sind. Am Boden schließlich befindet sich die wärmste Luft. Die Füße bleiben also warm, während sich in Kopfhöhe die kälteste Zone befindet.

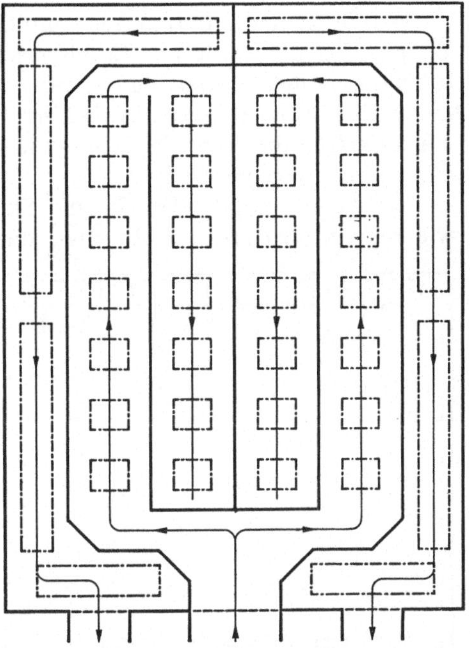

Abb. 12. Anordnung von Druck- und Saugkanälen in einer falschen Decke.

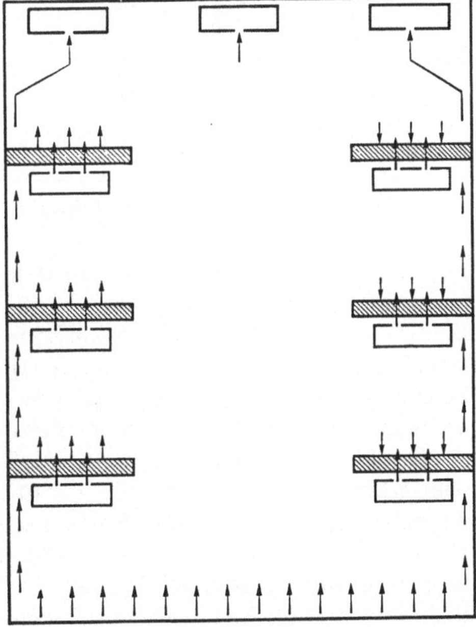

Abb. 13. Luftströmungen in einem Raum mit erzwungenem Luftumlauf bei Lagerung des Gutes auf Regalen.

Würde man die Luft unten einführen, so wäre die kälteste Zone am Boden. Ferner würde die Einblaserichtung mit der an den Menschen hervorgerufenen Luftströmung übereinstimmen, beide Geschwindigkeiten sich also addieren, so daß Zugluft auftreten könnte. Schließlich würde sich in der Nähe der Köpfe die wärmste Luft befinden, wo gerade die kälteste gewünscht ist.

Bei Anordnung der Druck- und Saugkanäle an der Decke kann sich, wie man beobachtete, leicht über den Sitzen ein Kegel warmer Luft bilden, an dem die kalte Luft herabfließt, ohne sich zu vermischen. Bei der Wohnraumkühlung ist nämlich infolge des geringen Temperaturunterschiedes zwischen außen und innen die aufsteigende Luftströmung an den Wänden sehr schwach, so daß sie nicht ausreicht, um die in der Mitte entstehende kräftige Aufwärtsströmung nach den Wänden hin abzuziehen und so einen geregelten Luftumlauf auszubilden. Anordnung der Saugkanäle längs der Wände würde hier Abhilfe schaffen.

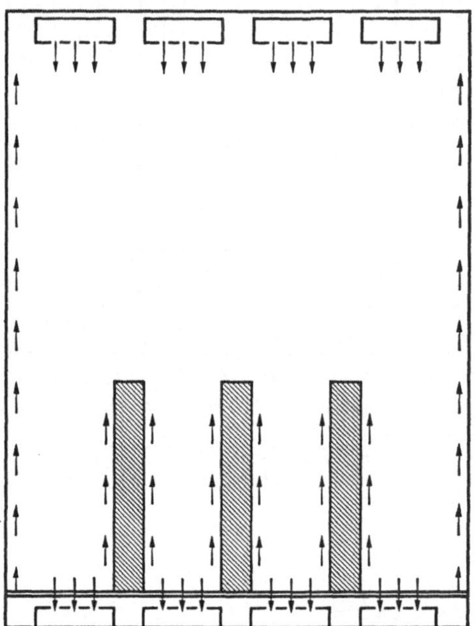

Abb. 14.  Luftführung in Aufenthaltsräumen für Menschen.

Eine Art Mittelding zwischen natürlicher und erzwungener Strömung entsteht durch Anordnung des Kühlrohrsystems im Kühlraum hinter einer Verkleidungswand, in welche ein Schraubenlüfter eingebaut ist. Diese Lösung wird besonders häufig für automatisch geregelte Kleinkühlräume angewandt. Der Ventilator wird dabei durch einen Thermostaten gesteuert. Während der Betriebspausen bleibt eine natürliche Zirkulation aufrechterhalten, die durch die Abwärtsbewegung der Luft an dem kalten Kühlrohrsystem entsteht.

Grundsätzlich besteht hier die Möglichkeit, die warme Luft oben aus dem Kühlraum abzusaugen und sie über das System zu drücken, wobei die kalte Luft unten in den Raum wieder eintritt, oder die umgekehrte Blasrichtung zu wählen. Beides wird in der Praxis angewandt. Es ist jedoch leicht einzusehen, daß nur im ersteren Falle geordnete Luftströmungen entstehen und tote Ecken und Winkel mit Sicherheit vermieden werden. Bei der entgegengesetzten Luftführung treten zwar örtlich sehr kräftige Luftströmungen auf, die die Illusion einer intensiven Kühlwirkung erwecken. Derartig hohe Luftgeschwindigkeiten sind aber keineswegs erwünscht und führen an feuchten Kühlgutoberflächen, auf welche sie treffen, zu starker Austrocknung, während sich unmittelbar daneben Nester sich stauender Luft ausbilden können, die ein vorzeitiges Verderben des Kühlgutes begünstigen.

Zusammenfassend können wir sagen:

*Bei Kühlung mit erzwungenem Luftumlauf erscheint es nur in ausgesprochenen Kaltlagerräumen günstig, die Luft an der Decke zu- und auch abzuführen. Die Zuführungsöffnungen werden dabei zweckmäßig in der Mitte des Raumes, die Abführungsöffnungen an den Wänden angeordnet. Bei Kühlung von Gut, das auf Regalen gelagert ist, empfiehlt sich die Luftzuführung unterhalb derselben und die Abführung an der Decke. Ähnliches gilt für Abkühlräume, in denen eine kräftige Luftbewegung erwünscht ist. Hier erfolgt die Zuführung zweckmäßig am Boden und die Abführung an der Decke. In Aufenthaltsräumen für Menschen dagegen sind die Drucköffnungen an der Decke, die Saugöffnungen am Boden anzuordnen. Bei Anordnung des Kühlrohrsystems hinter einer Zirkulationswand im Kühlraum soll der Ventilator die warme Luft oben absaugen und die kalte unten in den Raum drücken.*

Über die Wahl zwischen Kühlung mit natürlichem und erzwungenem Luftumlauf entscheiden vielfach praktische Erwägungen. So spricht Einfachheit und Billigkeit im Betriebe für natürlichen Luftumlauf, während die dabei unvermeidliche Abführung des Tauwassers innerhalb des Raumes vielfach als Nachteil empfunden wird. Die Anwendung eines Außenluftkühlers dagegen ist dann geboten, wenn beim Abtauen des sich auf den Kühlrohren niederschlagenden Eises eine vorübergehende Erhöhung der Raumtemperatur nicht zugelassen werden kann, was schwer zu vermeiden ist, wenn die Rohre im Raume selbst untergebracht werden. Bei Kühlung mehrerer Räume ist die Verwendung von Außenluftkühlern üblich, aber nur dann erlaubt, wenn Geruchsbeeinflussungen der in den Räumen lagernden Güter aufeinander nicht zu befürchten sind.

Auf Grund der obigen Betrachtungen können wir diese Frage nun auch vom Standpunkt einer zweckmäßigen Luftbewegung beantworten. Erzwungener Luftumlauf ist in allen den Fällen anzuwenden, in denen sich mit dem natürlichen eine geforderte Luftbewegung nicht erreichen läßt. Ganz eindeutig ist dies bei der Wohnraumkühlung. Hier wäre die Anwendung natürlichen Luftumlaufs geradezu fehlerhaft. Aber auch bei der Kühlung von Gut auf Regalen wie in Abkühlräumen bildet der erzwungene Luftumlauf vor dem natürlichen deutliche Vorteile. Dagegen ist das eigentliche Anwendungsgebiet des letzteren der Kaltlagerraum. Hier ist der natürliche Umlauf dem erzwungenen mindestens gleichwertig, wenn nicht in manchen Fällen überlegen, da sich bei diesem, besonders in kleinen Räumen, schwer eine so gleichmäßige Verteilung der kalten Luft erreichen läßt, wie sie sich bei natürlichem Umlauf einstellt.

## IV. Die Zustandsänderung feuchter Luft beim Durchströmen eines mit Kühlgut belegten Kanals.

Beim Durchgang durch einen Kühlraum erleidet die Luft ununterbrochen die verschiedensten Zustandsänderungen: sie nimmt Wärme und Feuchtigkeit auf oder gibt sie ab, je nachdem, wie der Luftstrom im Raume geführt wird. Man kann deshalb, streng genommen, nicht von einem bestimmten Luftzustand innerhalb eines Kühlraumes sprechen. Andererseits haben die Betrachtungen des vorigen Kapitels gezeigt, daß sich in den Räumen äußerst verwickelte Luftströmungen ausbilden, so daß eine genaue rechnerische Verfolgung der sich einstellenden Zustandsänderungen unmöglich erscheint.

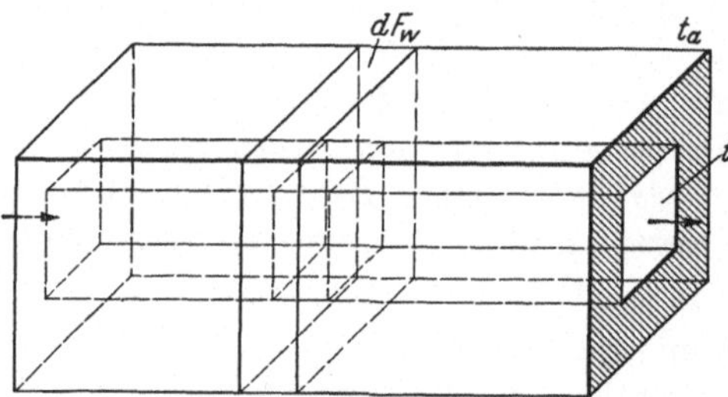


Abb. 15. Mit Kühlgut belegter luftdurchströmter Kanal.

Trotzdem lassen sich auch hier Gesetzmäßigkeiten aufzeigen, denen zwar nur eine grundsätzliche Bedeutung zukommt, die aber doch die Richtung einer Zustandsänderung unter gegebenen Verhältnissen zu erkennen gestatten.

Wir betrachten deshalb einen Kanal (Abb. 15), durch welchen die Luft in der Pfeilrichtung hindurchströmen möge. In dem Kanal befindet sich das Kühlgut, das sich, gleichmäßig über seinen Querschnitt verteilt, über seine ganze Länge hin ausbreitet. Sämtliche Luftteilchen sollen also stets mit der Kühlgutoberfläche in Berührung sein. Diese Oberfläche sei „feucht", d. h., die an ihr herrschende Dampfspannung sei stets gleich dem Sättigungsdruck reinen Wassers bei der vorliegenden Temperatur. Die Strömung sei ferner stationär. Zeitliche Zustandsänderungen an einem betrachteten Punkte innerhalb des Kanals sollen also nicht eintreten.

Wir betrachten zunächst den Fall, daß das Kühlgut bereits auf die Kanaltemperatur $t$ abgekühlt sei. Der Kanal sei gegen die Außenluft mit der höheren Temperatur $t_a$ isoliert, und zwar betrage die Wärmedurchgangszahl der Wände $k$ kcal/m²°h. Er sei so lang, daß die durch die seitlichen Öffnungen eintretende Wärme vernachlässigbar ist gegenüber der Wärme, die durch die Wandungen fließt.

Wir schneiden nun aus dem Kanal einen unendlich kleinen Abschnitt heraus. Dessen gegen die Außenluft grenzende Oberfläche sei $dF_w$. Dann beträgt die in den Abschnitt eindringende Wärme

$$(19) \qquad dq = dF_w \cdot k \cdot (t_a - t) \qquad [\text{kcal/h}].$$

Sie geht vollständig an die durchströmende feuchte Luft über. Beträgt deren Menge $L$ kg/h und ist ihr Wärmeinhalt am Eintritt in den Abschnitt $J$ kcal, so wird sich dieser um $dJ$ erhöhen, so daß auch die Gleichung gilt

$$(20) \qquad L\, dJ = dF_w \cdot k \cdot (t_a - t) \qquad [\text{kcal/h}].$$

Wäre kein Kühlgut vorhanden, so würde diese Wärmezufuhr restlos zur Temperaturerhöhung der Luft dienen. Nun aber wird je nach der Temperatur und der relativen Feuchtigkeit der Luft ein größerer oder kleinerer Teil der zugeführten Wärme für die Verdunstung von Wasser an der Oberfläche des Kühlgutes benötigt, so daß die Temperaturerhöhung im allgemeinen geringer ausfällt und unter Umständen sogar negativ werden kann. Bei der Betrachtung des Verdunstungsvorganges im vorigen Kapitel hatten wir gesehen, daß die Oberfläche von durchgekühltem Gut eine tiefere Temperatur aufweist als die Raumluft, wenn deren relative Feuchtigkeit kleiner ist als 100%. Es findet also eine Wärmezufuhr aus der Luft an das Kühlgut statt, die zur Deckung der Verdampfungswärme dient, von der Größe

$$(21) \qquad dq_v = dF_g \cdot \alpha \cdot (t - t_g) \qquad [\text{kcal/h}].$$

Darin bedeutet $dF_g$ die Kühlgutoberfläche in dem betrachteten Abschnitt, $t_g$ deren Temperatur und $\alpha$ die Wärmeübergangszahl der Luft an die Oberfläche in kg/m²°h.

Bezeichnet $r$ die Verdampfungswärme des Wassers in kcal/kg, so wird die verdunstende, an die Luft übergehende Wassermenge

$$(22) \qquad dw = dF_g \cdot \frac{\alpha}{r} \cdot (t - t_g) \qquad [\text{kg/h}].$$

Betrug der Wasserdampfgehalt der Luft beim Eintritt in den Abschnitt $x$ kg, so wird sich dieser um $dx$ erhöhen, so daß auch die Gleichung besteht

$$(23) \qquad L\, dx = dF_g \cdot \frac{\alpha}{r} \cdot (t - t_g) \qquad [\text{kg/h}].$$

Von der gesamten der Luft zugeführten Wärme $dJ$ dient der Teil $r\, dx$ der Verdunstung, während ein weiterer Teil $c_p dt$ die Temperaturerhöhung herbeiführt, wobei mit $c_p$ [kcal/kg°] die spezifische Wärme der feuchten Luft bezeichnet sei. Es ist also

$$(24) \qquad dJ = r\, dx + c_p dt.$$

Dividiert man durch $dx$, so erhält man

$$(25) \qquad \frac{dJ}{dx} = r + c_p \frac{dt}{dx}$$

oder

$$(26) \qquad \frac{dt}{dx} = \frac{1}{c_p} \left( \frac{dJ}{dx} - r \right).$$

Von diesen beiden Differentialquotienten zeigt der $dt/dx$ die zu erwartende Temperaturänderung an. Ihm kommt auch für die zeichnerische Darstellung im $J$-$x$-Diagramm eine Bedeutung zu. Während nämlich infolge des schiefwinkligen Koordinatensystems desselben bei einer Zustandsänderung 1—2 (Abb. 16) der Quotient $dJ/dx$ keinen geometrischen Sinn hat, stellt der Quotient $dt/dx$ die Richtung der Zustandsänderung gegen die $x$-Achse dar. Das gilt freilich streng genommen nur für die von der Temperaturlinie $t=0$ ausgehenden Zustandsänderungen, da nur diese parallel zur $x$-Achse verläuft. Weil jedoch im Gebiet tiefer Temperaturen die Neigung der Temperaturlinien gegen die Abszissenachse äußerst gering und kaum wahrnehmbar ist, so gilt es

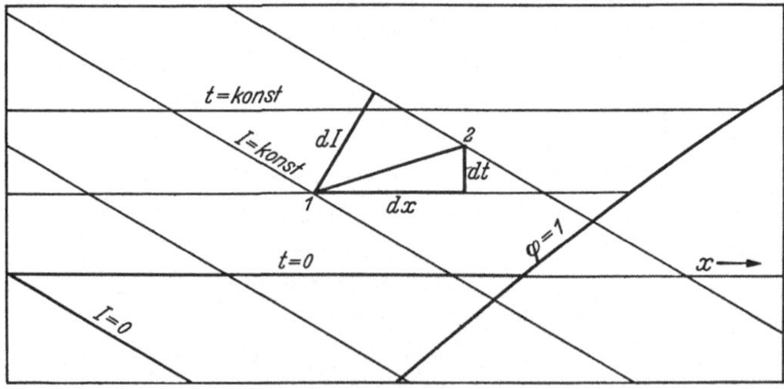



Abb. 16. Elementare Zustandsänderung.

auch hier mit hinreichender zeichnerischer Genauigkeit. Damit haben wir ein einfaches Verfahren gewonnen, beliebige Zustandsänderungen feuchter Luft, die durch Verdunstung durchgekühlten Gutes zustande kommen, für das Gebiet tiefer Temperaturen im $J$-$x$-Diagramm aufzuzeichnen. Ist uns nämlich $dt/dx$ bekannt, so können wir, von Punkt zu Punkt fortschreitend, die Zustandsänderung durch eine Schar einhüllender Tangenten darstellen.

Zur Berechnung dieses Differentialquotienten ist Gleichung (26) noch umzuformen. Wir bilden zunächst $dJ/dx$, indem wir Gleichung (20) und (23) durcheinander dividieren, und erhalten

$$(27) \qquad \frac{dJ}{dx} = \frac{k \cdot r}{\alpha} \cdot \frac{t_a - t}{t - t_g} \cdot \frac{dF_w}{dF_g} \,.$$

Nach unserer Voraussetzung ist das Kühlgut gleichmäßig über den ganzen Kanal verteilt, so daß

$$\frac{dF_w}{dF_g} = \frac{F_w}{F_g} = \text{const}.$$

wird. Gleichung (26) nimmt nun also die Form an

$$(28) \qquad \frac{dt}{dx} = \frac{r}{c_p} \left( \frac{k}{\alpha} \cdot \frac{F_w}{F_g} \cdot \frac{t_a - t}{t - t_g} - 1 \right).$$

In dieser Gleichung kommt noch die Temperaturdifferenz $t - t_g$ zwischen der Luft und der Kühlgutoberfläche vor, die von der Temperatur, der relativen Feuchtigkeit und dem Bewegungszustand der Luft abhängig ist. Sie kann aus den Psychrometertafeln entnommen werden für den Fall, daß die Kühlgrenze erreicht wird. Ist dies, wie in den meisten Fällen der kältetechnischen Praxis, nicht der Fall, so wird auch die sich einstellende Temperaturdifferenz kleiner. Der Korrektionsfaktor $\beta$, mit dem die den Tafeln entnommene Differenz in solchem Falle multipliziert werden muß, ist genau genug nach einigen Umrechnungen für verschiedene Temperaturen und Luftgeschwindigkeiten dem nebenstehenden Diagramm zu entnehmen, das von Carrier und Lindsay[5] für psychrometrische Messungen auf Grund experimenteller Untersuchungen aufgestellt wurde (Abb. 17). Beträgt beispielsweise die Temperatur im Kühlraum $+5°$, die relative Feuchtigkeit 80%, so entnimmt man hierfür den Dampftafeln eine psychrometrische Differenz von 1,4°. Die feuchte Oberfläche müßte also eine Temperatur von $5 - 1,4 = 3,6°$ aufweisen, vorausgesetzt, daß die Kühlgrenze erreicht würde. Die Luftgeschwindigkeit möge aber nur 1 m/sec betragen. Dann ist gemäß Abb. 17 die Tafeldifferenz um 4,7% größer als die wirklich sich einstellende Differenz. Der Korrektionsfaktor wird damit

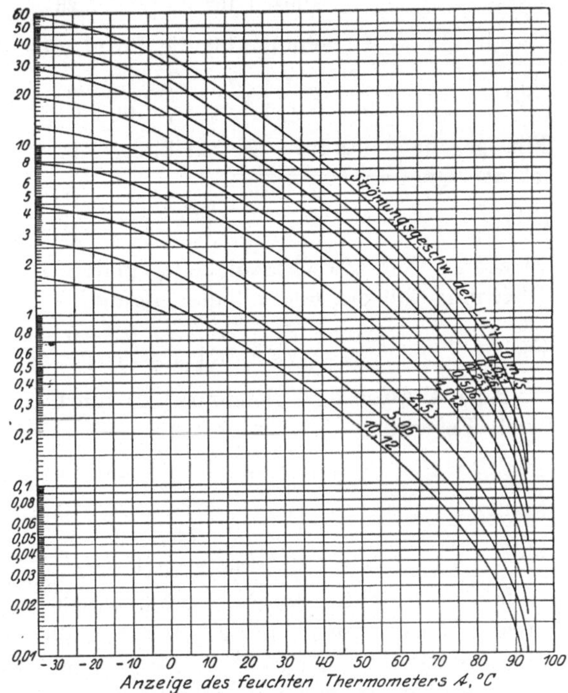



Abb. 17. Diagramm von Carrier und Lindsay.

$$\beta = \frac{100}{104,7} = 0,955.$$

Das Nachschlagen in den Psychrometertafeln ist jedoch zeitraubend und umständlich. Es soll deshalb versucht werden, die psychrometrische Differenz durch einen analytischen Ausdruck als Funktion der Temperatur und der relativen Feuchtigkeit wiederzugeben. Plank[6] schlug dafür einen Ausdruck vor von der Form

(29) $$t - t_g = (a + bt)(1 - \varphi).$$

Es läßt sich jedoch damit nur ein begrenztes Temperaturgebiet mit genügender Genauigkeit beschreiben. Wir teilen daher das für die Kältetechnik wichtigste Gebiet in zwei Abschnitte, von —20 bis 0° und von 0 bis +10°, und erhalten als Koeffizienten:

| Temperaturgebiet | $a$ | $b$ |
|---|---|---|
| —20 bis 0° | 5,00 | 0,21 |
| 0 bis +10° | 5,26 | 0,335 |

Damit nimmt Gleichung (28) die Form an

$$(30) \qquad \frac{dt}{dx} = \frac{r}{c_p}\left[\frac{k}{\beta \cdot \alpha} \cdot \frac{F_w}{F_g} \cdot \frac{t_a - t}{(a + b\,t)(1 - \varphi)} - 1\right].$$

Für gegebene Raum-, Beschickungs- und Luftbewegungsverhältnisse ist der Quotient

$$(31) \qquad C = \frac{k}{\beta \cdot \alpha} \cdot \frac{F_w}{F_g}$$

gegeben. Aus Zweckmäßigkeitsgründen führen wir diese Größe in Gleichung (30) ein und erhalten damit

$$(32) \qquad \frac{dt}{dx} = \frac{r}{c_p}\left[\frac{C\,(t_a - t)}{(a + b\,t)(1 - \varphi)} - 1\right].$$

Eine Analyse der Gleichung (32) führt zu folgenden Erkenntnissen:
1. Es wird

$$\frac{dt}{dx} = 0 \qquad (t = \text{const}),$$

wenn

$$(33) \qquad \frac{C\,(t_a - t)}{(a + b\,t)(1 - \varphi)} = 1\,.$$

Für bestimmte Raum-, Beschickungs- und Luftbewegungsverhältnisse gibt es demnach bei gegebener Außen- und Innentemperatur nur eine relative Feuchtigkeit $\varphi$, für welche diese Bedingung erfüllt ist. Da sich aber der Zustand der Luft beim Durchströmen des Kanals von Punkt zu Punkt ändert, so läßt sich nur eine elementare Zustandsänderung unter dieser Bedingung durchführen.
2. Es wird

$$\frac{dt}{dx} = \infty \qquad (x = \text{const}),$$

wenn

$$\varphi = 1\,.$$

Bei gesättigter Luft findet keine Verdunstung, folglich auch keine Feuchtigkeitsaufnahme statt.
3. Es wird ebenfalls

$$\frac{dt}{dx} = \infty \qquad (x = \text{const}),$$

wenn

$$C = \infty\,.$$

Dies ist der Fall, wenn

$$F_g = 0$$

wird. Sind keine feuchten Flächen vorhanden, so findet auch keine Verdunstung statt und die Luft nimmt keine Feuchtigkeit auf.

4. Es wird

$$\frac{dt}{dx} = -\frac{r}{c_p},$$

wenn

$$t_a = t.$$

Nach Gleichung (25) wird

$$\frac{dt}{dx} = -\frac{r}{c_p},$$

wenn

$$\frac{dJ}{dx} = 0 \qquad (J = \text{const}).$$

Sinkt die Außentemperatur bis auf die Raumtemperatur, so dringt keine Wärme mehr in den Kanal ein. Die elementare Zustandsänderung erfolgt dann auf einer $J$-Linie, und zwar bei sinkender Temperatur.

5. Es wird ebenfalls

$$\frac{dt}{dx} = -\frac{r}{c_p},$$

wenn

$$C = 0,$$

d. h., wenn

$$k = 0.$$

Bei idealer Isolierung dringt gleichfalls keine Wärme in den Kanal ein und die elementare Zustandsänderung findet auf einer $J$-Linie statt.

6. Schließlich kann die elementare Zustandsänderung noch auf einer Linie $\varphi = \text{const}$ erfolgen. Dies ist der Fall, wenn für eine unendlich kleine Strecke die Richtung der Zustandsänderung mit der Richtung der $\varphi$-Linie übereinstimmt, also wenn

$$\frac{dt}{dx} = \frac{\partial t}{\partial x_{(\varphi\,=\,\text{const})}}$$

ist. Den Differentialquotienten $\partial t/\partial x_{(\varphi\,=\,\text{const})}$ ermitteln wir auf Grund folgender Überlegungen:

Wir hatten gesehen, daß sich im $J$-$x$-Diagramm die $\varphi$-Linien einzeichnen lassen, wenn Sättigungslinie und Dampfdruckkurve vorliegen (Abb. 2). Man hatte für mehrere Temperaturen von der Sättigungslinie auf die Waagerechte herunter zu loten, die auf der Dampfdruckkurve abgeschnittenen $h_{ws}$-Werte mit $\varphi$ zu multiplizieren und bei den so ermittelten $h_w$-Werten wieder herauf zu loten bis zum Schnittpunkt mit der betreffenden $t$-Linie. Den gleichen Gedankengang verfolgen wir nun analytisch. Wir entnehmen für eine gegebene Temperatur $t$ zunächst den Sättigungsdruck $h_{ws}$ aus der Dampfdruckkurve. Hieraus ergibt sich für ein bestimmtes $\varphi$ bei derselben Temperatur der Feuchtigkeitsgehalt $x$ nach Gleichung (6) mit

$$x = \frac{0{,}622\,\varphi\,h_{ws}}{h - \varphi\,h_{ws}}.$$

Durch $t$ und $x$ ist der Zustand eindeutig festgelegt. Es ist nun eine Gleichung für die Dampfdruckkurve aufzustellen, die wir in der Form $t = f(h_{ws})$ anschreiben. Um nach der Differentiation keine zu verwickelten Ausdrücke zu erhalten, wählen wir dafür eine Beziehung von der Form

$$(34) \qquad\qquad t = c + d\,h_{ws} + e\,h_{ws}^2.$$

Eine so einfache Funktion kann freilich den Verlauf der Dampfdruckkurve nur in einem kleinen Temperaturbereich wiedergeben. Wir teilen deshalb das in Frage kommende Gebiet in Abschnitte von 5 zu 5° und erhalten auf Grund der Tabellen von Landolt-Börnstein[7] für die drei Koeffizienten die in der Zahlentafel 2 zusammengestellten Werte.

Zahlentafel 2.

| Temperaturgebiet | $c$ | $d$ | $e$ |
|---|---|---|---|
| $-20{,}00$ bis $-15°$ | $-33{,}57$ | $+21{,}06$ | $-4{,}92$ |
| $-14{,}99$ bis $-10°$ | $-28{,}98$ | $+13{,}95$ | $-2{,}156$ |
| $-10{,}99$ bis $-\ 5°$ | $-24{,}58$ | $+\ 9{,}28$ | $-0{,}921$ |
| $-\ 4{,}99$ bis $\ \ 0°$ | $-20{,}00$ | $+\ 6{,}16$ | $-0{,}392$ |
| $+\ 0{,}01$ bis $+\ 5°$ | $-17{,}74$ | $+\ 4{,}805$ | $-0{,}2034$ |
| $+\ 5{,}01$ bis $+10°$ | $-13{,}55$ | $+\ 3{,}520$ | $-0{,}1045$ |

Es ist nun

$$(35) \qquad\qquad \frac{\partial t}{\partial x} = \frac{\partial t}{\partial h_{ws}} \cdot \frac{\partial h_{ws}}{\partial x}.$$

Gleichung (34) differenziert, ergibt

$$(36) \qquad\qquad \frac{\partial t}{\partial h_{ws}} = d + 2\,e\,h_{ws}.$$

Ferner erhalten wir nach Differentiation der Gleichung (6)

$$(37) \qquad\qquad \frac{\partial h_{ws}}{\partial x_{(\varphi=\text{const})}} = \frac{0{,}622\,h}{\varphi\,(0{,}622 + x)^2}.$$

Es ist also

$$(38) \qquad\qquad \frac{\partial t}{\partial x_{(\varphi=\text{const})}} = \frac{0{,}622\,h\,(d + 2\,e\,h_{ws})}{\varphi\,(0{,}622 + x)^2}.$$

Setzen wir jetzt voraussetzungsgemäß die beiden Ausdrücke der Gleichungen (32) und (38) einander gleich, so erhalten wir die Beziehung

$$(39) \qquad \frac{0{,}622\,h\,(d + 2\,e\,h_{ws})}{\varphi\,(0{,}622 + x)^2} = \frac{r}{c_p}\left[\frac{C\,(t_a - t)}{(a + b\,t)\,(1 - \varphi)} - 1\right].$$

In dieser Gleichung sind außer $x$ und $\varphi$ alle Größen für bestimmte Verhältnisse als gegeben anzusehen. Nun ist für tiefe Temperaturen der von der Luft überhaupt aufnehmbare Feuchtigkeitsgehalt $x_s$ und damit erst recht $x = \varphi \, x_s$ sehr klein, so daß wir in Gleichung (39), ohne einen merklichen Fehler zu begehen, $x$ durch $x_s$ ersetzen können. Damit erhalten wir eine quadratische Gleichung für $\varphi$, in der alle übrigen Größen bekannt sind. Um sie zu lösen, setzen wir

$$(40) \qquad u = \frac{0{,}622 \, c_p \, h \, (d + 2 \, e \, h_{ws})}{r \, (0{,}622 + x_s)^2}$$

und

$$(41) \qquad v = \frac{C \, (t_a - t)}{a + b \, t}$$

und erhalten

$$(42) \qquad \frac{u}{\varphi} = \frac{v}{1 - \varphi} - 1$$

oder

$$\varphi^2 + \varphi \, (u + v - 1) = u \, .$$

Damit wird

$$(43) \qquad \varphi = - \tfrac{1}{2} (u + v - 1) + \tfrac{1}{2} \sqrt{(u + v - 1)^2 + 4 \, u} \, .$$

In dieser Gleichung ist der Ausdruck $u$ eine reine Temperaturfunktion und kann für das in Frage kommende Temperaturgebiet gradweise ein für allemal berechnet werden, wie dies in Zahlentafel 3 geschehen ist. Die durch die sprunghafte Änderung der Koeffizienten $d$ und $e$ sich

Zahlentafel 3.

| $t$ | $u$ | $t$ | $u$ | $t$ | $u$ |
|---|---|---|---|---|---|
| $-20$ | 6,40 | $-9$ | 2,51 | $+\ 1$ | 1,28 |
| $-19$ | 6,05 | $-8$ | 2,33 | $+\ 2$ | 1,20 |
| $-18$ | 5,64 | $-7$ | 2,15 | $+\ 3$ | 1,13 |
| $-17$ | 5,20 | $-6$ | 1,98 | $+\ 4$ | 1,07 |
| $-16$ | 4,75 | $-5$ | 1,83 | $+\ 5$ | 1,01 |
| $-15$ | 4,30 | $-4$ | 1,70 | $+\ 6$ | 0,96 |
| $-14$ | 3,86 | $-3$ | 1,60 | $+\ 7$ | 0,90 |
| $-13$ | 3,50 | $-2$ | 1,52 | $+\ 8$ | 0,85 |
| $-12$ | 3,21 | $-1$ | 1,44 | $+\ 9$ | 0,80 |
| $-11$ | 2,95 | $0$ | 1,36 | $+10$ | 0,75 |
| $-10$ | 2,72 | | | | |

Zahlentafel 4.

| $t$ | $a + bt$ | $t$ | $a + bt$ | $t$ | $a + bt$ |
|---|---|---|---|---|---|
| $-20$ | 0,80 | $-9$ | 3,11 | $+\ 1$ | 5,60 |
| $-19$ | 1,01 | $-8$ | 3,32 | $+\ 2$ | 5,93 |
| $-18$ | 1,22 | $-7$ | 3,53 | $+\ 3$ | 6,27 |
| $-17$ | 1,43 | $-6$ | 3,74 | $+\ 4$ | 6,60 |
| $-16$ | 1,64 | $-5$ | 3,95 | $+\ 5$ | 6,94 |
| $-15$ | 1,85 | $-4$ | 4,16 | $+\ 6$ | 7,27 |
| $-14$ | 2,06 | $-3$ | 4,37 | $+\ 7$ | 7,61 |
| $-13$ | 2,27 | $-2$ | 4,58 | $+\ 8$ | 7,94 |
| $-12$ | 2,48 | $-1$ | 4,79 | $+\ 9$ | 8,28 |
| $-11$ | 2,69 | $0$ | 5,00 | $+10$ | 8,61 |
| $-10$ | 2,90 | $0$ | 5,26 | | |

rechnerisch einstellenden kleinen Ungleichmäßigkeiten im Verlauf der $u$-Kurve wurden graphisch ausgeglichen. Damit bleibt als einzige Veränderliche, die jeweilig rechnerisch zu ermitteln wäre, die Größe $v$. Aber auch in dieser ist der Nenner eine reine Temperaturfunktion, die in der Zahlentafel 4 wiedergegeben wurde.

Demnach ist für eine bestimmte Kanaltemperatur $t$ diejenige relative Feuchtigkeit $\varphi$, bei welcher die elementare Zustandsänderung auf einer Linie $\varphi = \text{const}$ erfolgt, lediglich abhängig von der Außentemperatur $t_a$ und der Kenngröße $C$. Wir wollen nun diese beiden Werte als gegeben annehmen, für mehrere Temperaturen $t$ die relative Feuchtigkeit $\varphi$ nach Gleichung (43) berechnen und die erhaltenen Werte in das $J$-$x$-Diagramm eintragen. Verbinden wir die Punkte durch eine Kurve (Abb. 18, stark ausgezogene Linie), so stellt diese den Ort aller Punkte dar, in denen die Richtung der elementen Zustandsänderung mit der Richtung der $\varphi$-Linie zusammenfällt. Man erkennt, daß diese Kurve bei 0° einen Knick aufweist, daß sie im Bereich tiefer Temperaturen stark, im Gebiet über 0° schwächer gekrümmt ist und für $t = t_a$ die

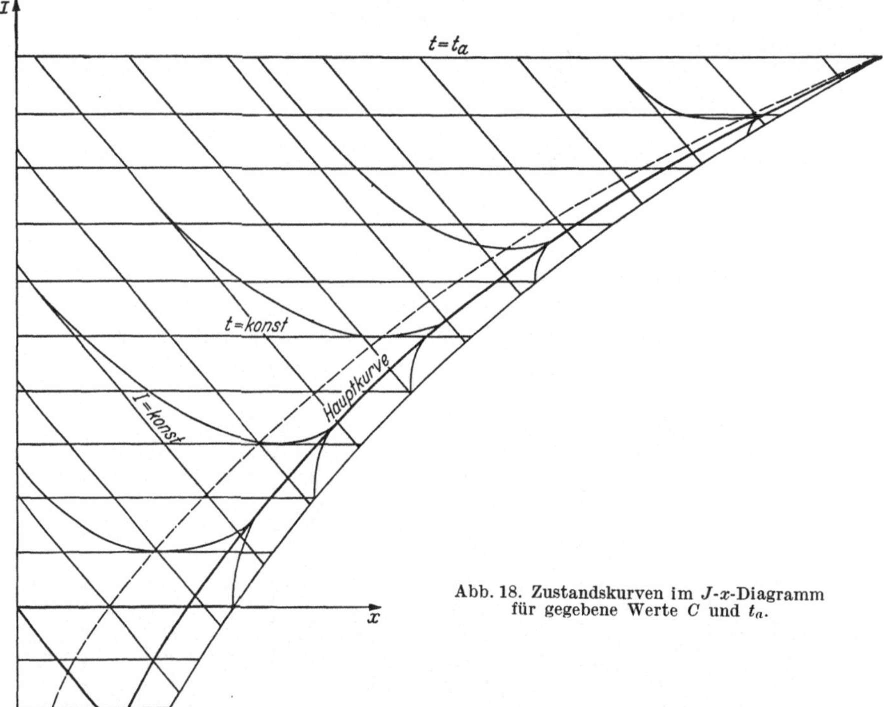


Abb. 18. Zustandskurven im $J$-$x$-Diagramm
für gegebene Werte $C$ und $t_a$.

Sättigungslinie erreicht. Dies folgt auch rechnerisch aus Gleichung (43). Für $t = t_a$ erhält man $\varphi = 1$. Wir wollen sie als „Hauptkurve" der Zustandsänderung bezeichnen.

Auf ähnliche Weise können wir den Ort aller Zustandspunkte bestimmen, in denen die elementare Zustandsänderung längs einer Linie $t = $ const erfolgt [Gleichung (33), Abb. 18, gestrichelte Kurve]. Sie liegt im Diagramm stets oberhalb der Hauptkurve. Wir kennen ferner die Richtung der Zustandsänderungen für alle Punkte $\varphi = 1$, die mit einer Linie $x = $ const, sowie für alle Punkte $t = t_a$, die mit einer Linie $J = $ const zusammenfällt. Damit ist uns durch eine Anzahl Tangenten der Charakter der Zustandskurven bereits gegeben, und man braucht nur noch für einzelne Zwischenpunkte nach Gleichung (32) einige weitere Tangenten zu bestimmen, um die Kurven zeichnerisch im $J$-$x$-Diagramm genau festzulegen. Es entsteht auf diese Weise die in Abb. 18 dargestellte charakteristische Kurvenschar.

Wir entnehmen daraus, daß alle Zustandskurven, von welchem Zustandspunkte sie auch ausgehen mögen, in die Hauptkurve einmünden. Ist die Luft beim Eintritt in den Kanal verhältnismäßig trocken, so erfolgt zunächst eine Temperatursenkung, dann eine Zustandsänderung bei Temperaturkonstanz und darauf ein Anstieg bis zur Außentemperatur, vorausgesetzt, daß der Kanal unendlich lang ist. Die Feuchtigkeitsaufnahme ist dabei anfangs stark, erreicht ihr Maximum im Punkte der Temperaturkonstanz und nimmt dann langsamer zu. Ist andererseits die Luft am Anfang nahezu gesättigt, so erfolgt zunächst ein starker Temperaturanstieg bei geringer Feuchtigkeitsaufnahme, also starker Erhöhung der relativen Feuchtigkeit, worauf dann beim Einmünden in die Hauptkurve wieder ein langsamerer Anstieg erfolgt. Andere Zustandsänderungen sind unter den von uns gemachten Voraussetzungen (gleichmäßige Einstrahlung, gleichmäßige Beschickung längs des ganzen Kanals) unmöglich. Daraus folgt aber, daß eine Zustandsänderung, die auf der Hauptkurve beginnt, auch auf dieser enden muß, daß also diese Kurve selbst eine Zustandskurve darstellt. Da die Änderung der relativen Feuchtigkeit auf dieser kleiner ist als auf jeder anderen hier möglichen Zustandskurve, so kommt ihr eine ausgezeichnete Bedeutung zu. Will man nämlich, was immer bei der Kaltlagerung angestrebt wird, im ganzen Raum eine möglichst gleichmäßige relative Feuchtigkeit haben, so muß die Zustandsänderung der Luft auf dieser Kurve vor sich gehen, d. h., es muß die Luft in den Raum in einen Zustand eintreten, der einem Zustandspunkt der Hauptkurve entspricht.

Die in der Praxis vorkommenden Zustandsänderungen entsprechen nicht dem soeben betrachteten Fall eines unendlich langen Kanals. Die Erwärmung der Luft bei ihrem Durchgang durch den Raum ist vielmehr begrenzt. Infolgedessen haben wir es hier, je nach der Menge der umlaufenden Luft, nur mit größeren oder kleineren Abschnitten der Zustandskurven zu tun, und der Prozeß kann unter Umständen sogar so frühzeitig abgebrochen werden, daß die Hauptkurve gar nicht erreicht wird. Letzteres ist jedoch nur als Ausnahmefall bei sehr großer Luftmenge anzusehen. Im allgemeinen kann man in den meisten praktisch vorkommenden Fällen damit rechnen, daß der Zustand der Luft beim Austritt aus dem Raume im $J\text{-}x$-Diagramm auf der Hauptkurve liegt, einerlei wie ihr Eintrittszustand war.

Wir haben jetzt noch den Fall zu behandeln, daß das Kühlgut noch nicht auf die Raumtemperatur durchgekühlt ist. Je nach der Temperatur, die es besitzt, wird sowohl seine Wärmeabgabe als auch seine Feuchtigkeitsabgabe in jedem Augenblick eine andere sein. Es wird also auch die Luft an derselben Stelle des Kanals in verschiedenen aufeinanderfolgenden Zeitpunkten ganz verschiedene Zustandsänderungen erleiden.

Voraussagungen darüber sind nur dann möglich, wenn der zeitliche Verlauf der Oberflächentemperaturen des Kühlgutes bekannt ist. Deren rechnerische Ermittlung ist aber sehr verwickelt[8] und kann auch nur unter der Voraussetzung erfolgen, daß die Kühlluft praktisch ihren Zustand nicht ändert. Da diese Änderung ja aber gerade untersucht werden soll, so stehen wir hier vor einem rechnerisch nicht lösbaren Problem. Wir können nur ganz allgemein aussagen, daß zu Beginn der Abkühlung eine größere Wärmeabgabe und Verdunstung eintritt als gegen Ende, so daß dann meist eine vorübergehende Temperaturerhöhung der Raumluft eintritt.

Anders liegt der Fall, wenn die Wärme- und Feuchtigkeitsquellen während der ganzen Abkühlungszeit als konstant angesehen werden können. So ist beispielsweise in Wohnräumen die von Menschen, Beleuchtungskörpern usw. abgegebene Wärme- und Wassermenge als durch die Erfahrung gegeben und gleichmäßig anzunehmen. Ebenso können wir in Abkühlräumen, in welche das Gut kontinuierlich oder in regelmäßigen Abständen eingebracht wird, mit einer durchschnittlichen Wärme- und Feuchtigkeitsmenge pro Zeiteinheit rechnen (Wärmeüberschuß und Gewichtsverlust während der Abkühlung, dividiert durch die Abkühlungsdauer). Selbstverständlich ist die Feuchtigkeitsabgabe auch hier von der relativen Feuchtigkeit der Kühlluft abhängig. Jedoch spielt diese bei der Abkühlung meist eine untergeordnete Rolle. Außerdem ist man in allen diesen Fällen genötigt, Fehlerquellen von ganz anderer Größenordnung in Kauf zu nehmen, so daß man den Einfluß der relativen Feuchtigkeit auf den Gewichtsverlust vernachlässigen kann.

Ist die durch die Einstrahlung und die Wärmeabgabe des Kühlgutes an die Luft übergehende Wärmemenge $Q_0$ kcal/h, und beträgt die Feuchtigkeitsabgabe $W$ kg/h, so sind die bei $L$ kg/h umlaufender Luftmenge von 1 kg derselben aufzunehmenden Wärme- und Feuchtigkeitsmengen

$$(44) \qquad \Delta i = \frac{Q_0}{L} \quad [\text{kcal/kg}]$$

und

$$(45) \qquad \Delta x = \frac{W}{L} \quad [\text{kg/kg}].$$

Die Richtung der Zustandsänderung im $J$-$x$-Diagramm ist also durch das Verhältnis $\Delta i : \Delta x$ gegeben. Ist der Eintrittszustand der Luft durch die Werte $i_1$, $x_1$ gekennzeichnet, so erhalten wir für die entsprechenden Werte am Austritt

$$(46) \qquad i_2 = i_1 + \frac{Q_0}{L}$$

und

$$(47) \qquad x_2 = x_1 + \frac{W}{L}.$$

Damit ist die zu erwartende Zustandsänderung im $J$-$x$-Diagramm eindeutig festgelegt.

# V. Die Zustandsänderung feuchter Luft in gekühlten Räumen.

Die unmittelbare Übertragung der im vorigen Kapitel gewonnenen Erkenntnisse auf die Verhältnisse in gekühlten Räumen würde bedingen, daß die dort gemachten Voraussetzungen auch hier Geltung haben. Das ist jedoch nicht der Fall. So ist die Wärmezufuhr an die Luft durchaus nicht gleichmäßig, denn die durch die verschiedenen Wände eines Raumes durchgehenden Wärmemengen sind infolge der verschiedenen Isolierungen und Außentemperaturen im allgemeinen nicht gleich. Ferner ist eine ideal gleichmäßige Beschickung des Raumes mit Kühlgut praktisch undurchführbar. Schließlich haben wir es nicht mit einem kontinuierlichen Luftstrom zu tun, sondern die Strömungsverhältnisse sind im Gegenteil äußerst verwickelt. In wirklichen Kühlräumen sind deshalb Zustandsänderungen der Luft möglich, die keineswegs an die im vorigen Kapitel entwickelten Gesetzmäßigkeiten gebunden sind. Eine Zustandsänderung auf der Hauptkurve würde sich beispielsweise praktisch niemals genau einstellen.

Trotzdem sind die im vorigen Kapitel ermittelten Beziehungen auch für die Erkenntnis der Zustände in wirklichen Kühlräumen von Bedeutung. Geben sie auch nicht in allen Einzelheiten die tatsächlichen Zustandsänderungen wieder, so kommt ihnen doch eine grundsätzliche und summarische Bedeutung zu. Grundsätzlich lassen sie uns erkennen, von welcher Art und Größenordnung der Einfluß der verschiedenen den Luftzustand bedingenden Faktoren ist. Summarisch aber gelten sie insofern, als gerade die äußerst verwickelten Luftströmungen in den Kühlräumen die Möglichkeit einer weitgehenden Mischung bieten, so daß wesentliche Abweichungen sich bald von selbst korrigieren. Mit diesen Einschränkungen dürfen wir also auch für wirkliche Kühlräume die entwickelten Beziehungen anwenden.

## A. Kaltlagerräume.

Für die folgenden Betrachtungen, die sich allein auf Kaltlagerräume beziehen, wollen wir annehmen, daß die Zustandsänderung immer auf einer Hauptkurve vor sich gehen möge. Das heißt, durch entsprechende Bemessung von Kühlung und Heizung wird der Eintrittszustand der Luft in den Kühlräumen so eingestellt, daß er einem Punkte der Hauptkurve entspricht, womit, wie wir sahen, auch die weitere Zustandsänderung auf dieser Kurve und bei minimaler Änderung der relativen Feuchtigkeit erfolgen muß. Wir tun das deshalb, weil wir für die Hauptkurve einen analytischen Ausdruck besitzen und wir gesehen haben, daß alle andern Zustandskurven durch die Hauptkurve mitbestimmt sind. Es soll also die Beziehung gelten

$$(43) \qquad \varphi = -\tfrac{1}{2}\,(u + v - 1) + \tfrac{1}{2}\,\sqrt{(u + v - 1)^2 + 4\,u}\,,$$

worin

$$(40) \qquad u = \frac{0{,}622\,c_p\,h\,(d + 2\,e\,h_{ws})}{r\,(0{,}622 + x_s)^2}$$

und

$$(41) \qquad v = \frac{C\,(t_a - t)}{a + b\,t}$$

bedeuten. $u$ und $a + bt$ in $v$ sind für eine bestimmte Raumtemperatur durch die Zahlentafeln 3 und 4 gegeben, so daß als veränderliche Größen nur die relative Feuchtigkeit $\varphi$, die Außentemperatur $t_a$ und die Kenngröße

$$(31) \qquad C = \frac{k}{\beta \cdot \alpha} \cdot \frac{F_w}{F_g}$$

erscheinen. Wenn wir nun vom luftdurchströmten Kanal auf den Kühlraum übergehen, so müssen wir zunächst die Größe $C$ entsprechend umformen, und zwar wollen wir spezifische, auf 1 m³ Kühlraum bezogene Größen einführen.

Ist $B$ die Grundfläche und $H$ die Höhe eines Raumes, so erhalten wir mit

$$(48) \qquad \varrho = \frac{F_w}{B \cdot H}\left[\frac{1}{\mathrm{m}}\right]$$

die auf 1 m³ Kühlraum bezogene Wärmedurchgangsfläche der Wände. Wir führen weiter die spezifische Raumbelegung ein. Bedeutet $G$ das gesamte im Raum lagernde Gut, so wird

$$(49) \qquad \delta = \frac{G}{B\,H}\left[\frac{\mathrm{kg}}{\mathrm{m}^3}\right].$$

Ferner muß das Verhältnis $\Phi$ der Kühloberfläche $F_g$ zum Gewicht desselben bekannt sein. Die Größe

$$(50) \qquad \Phi = \frac{F_g}{G}\left[\frac{\mathrm{m}^2}{\mathrm{kg}}\right]$$

kennen wir bis jetzt nur für wenige Kühlgüter wie z. B. Fleisch einigermaßen. Sie hängt außerdem wesentlich von der Art der Lagerung und der Verpackung ab.

Damit erhalten wir für die Größe $C$ den Ausdruck

$$(51) \qquad C = \frac{k}{\beta \cdot \alpha} \cdot \frac{\varrho}{\Phi \cdot \delta}\,.$$

Die Wärmedurchgangszahl $k$ ist darin durch die bekannte Beziehung

$$(52) \qquad k = \frac{1}{\dfrac{1}{\alpha_1} + \sum \dfrac{\Delta_i}{\lambda_i} + \dfrac{1}{\alpha_2}}$$

gegeben, worin $\alpha_1$ und $\alpha_2$ die Wärmeübergangszahlen der Luft an die Wand innerhalb und außerhalb des Kühlraums in kcal/m²°h, $\Delta_i$ die Dicke der verschiedenen Materialien der Wände in m und $\lambda_i$ die Wärmeleitzahlen derselben in kcal/m°h bedeuten. Die Wärmeübergangszahl $\alpha$ der Raumluft an die Kühlgutoberfläche ist in Anbetracht anderer größerer Unsicherheitsfaktoren genau genug bestimmt durch die von Jürges[9] für eine senkrechte ebene Metallplatte aufgestellte Beziehung

$$(53) \qquad \alpha = 5{,}3 + 3{,}6\,w,$$

worin $w$ die Luftgeschwindigkeit in m/sec bedeutet.

Der Korrektionsfaktor $\beta$ kann schließlich nach einigen Umrechnungen für gegebene Luftbewegungsverhältnisse der Abb. 17 entnommen werden.

Damit ist uns alles bekannt. Bei der Verwickeltheit der Beziehungen ist es aber unmöglich, durch eine allgemeine Analyse den Einfluß der verschiedenen Faktoren auf den Luftzustand sichtbar zu machen. Wir wollen ihn uns deshalb an einem willkürlich gewählten Zahlenbeispiel verdeutlichen, indem wir nacheinander immer eine Größe als unabhängige Veränderliche wählen. Die daraus sich ergebenden Gesetzmäßigkeiten gelten zwar zunächst nur für den behandelten Sonderfall. Es lassen sich aber, wie wir sehen werden, auf Grund dieser Rechnung Aussagungen machen, denen eine allgemeine Bedeutung beigemessen werden darf. Die errechneten Zahlenwerte, insbesondere für die relative Feuchtigkeit, gelten, wie noch einmal betont sei, nur für den Idealfall des hermetisch gegen die Außenluft verschlossenen Raumes mit absolut trockenen Wänden. Beides ist praktisch nicht der Fall. Insbesondere findet durch die Wände in mehr oder minder starkem Maße dauernd eine Verdunstung von Feuchtigkeit in den Raum hinein statt. Es ist aber nicht möglich, dieser Verdunstung etwa in der Weise Rechnung zu tragen, daß man beispielsweise die Wandfläche der Kühloberfläche hinzuaddierte und mit einem entsprechend vergrößerten $\Phi$-Wert rechnete. Die Temperatur der Wände liegt meistens oberhalb, die des Lagergutes unterhalb der Raumtemperatur; die verdunstende Feuchtigkeitsmenge ist infolgedessen an beiden Verdunstungsflächen verschieden.

## a) Einfluß der Größe und Gestalt des Kühlraums.

Die die räumlichen Verhältnisse kennzeichnende Größe ist $\varrho$. Da die Einstrahlung je Raumeinheit gegeben ist durch die Beziehung

$$(54) \qquad q_E = k \cdot \varrho \cdot (t_a - t),$$

so bedeutet $\varrho$ zugleich diejenige Wärmemenge, die an 1 m³ Kühlraumluft abgegeben wird bei einer Wärmedurchgangszahl $k = 1$ und einer Temperaturdifferenz von 1° zwischen Innen- und Außenluft. $\varrho$ ist in erster Linie von der Größe der Grundfläche $B$, in geringerem Maße von der Raumhöhe $H$ abhängig. Wir übersehen diesen Zusammenhang am besten, wenn wir $\varrho$ für Räume von quadratischer Grundfläche berechnen. Ist $g$ eine Seite des Quadrats, so wird

und
$$F_w = 2\,g^2 + 4\,g\,H$$

(55)
$$\varrho = \frac{2}{H} + \frac{4}{g}\,.$$

Wählen wir $\varrho$ als Ordinate und $H$ und $g$ als Abszisse bzw. Parameter oder umgekehrt, so erhalten wir als $\varrho$-Kurven gleichseitige Hyperbeln

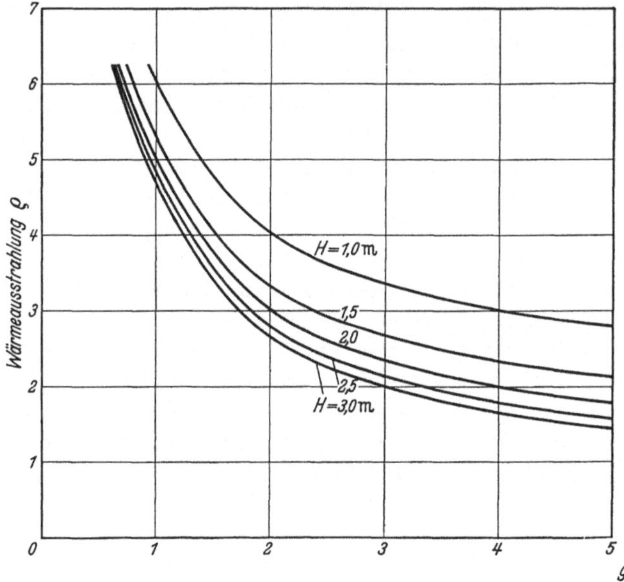


Abb. 19. Wärmeausstrahlung je Raumeinheit und 1° Temperaturdifferenz bei einer Wärmedurchgangszahl $k = 1$ für Räume mit quadratischer Grundfläche.

mit den Asymptoten $g = 0$ und $\varrho = 2/H$, bzw. $g = 0$ und $\varrho = 4/g$ (Abb. 19). Hieraus folgt allgemein:

*1. Unter sonst gleichen Verhältnissen ist die Einstrahlung je Raumeinheit um so größer, je kleiner die Kühlraumgrundfläche ist. Sie wächst bei kleinen Räumen mit abnehmender Grundfläche.*

*2. Unter sonst gleichen Verhältnissen ist die Einstrahlung je Raumeinheit um so größer, je kleiner die Kühlraumhöhe ist. Sie wächst bei niedrigen Räumen mit abnehmender Höhe sehr rasch.*

*3. Jenseits einer gewissen Raumgröße (etwa von 100 m² Grundfläche ab) ist die Einstrahlung je Raumeinheit nur in geringem Maße von Grundfläche und Höhe abhängig.*

Wir wollen nun den Einfluß von $\varrho$ auf die relative Feuchtigkeit $\varphi$ ermitteln und wählen dazu folgendes Beispiel: Es sei

$$t = +2 \qquad k = 0{,}4 \qquad \Phi = 0{,}02 \qquad w = 0{,}1$$
$$t_a = +20 \qquad\qquad \delta = 50 \qquad\qquad \alpha = 5{,}66$$
$$\beta = 0{,}8$$

Damit erhalten wir auf Grund der Gleichungen (55), (51), (41) und (43) sowie der Zahlentafeln 3 und 4 die in folgender Zahlentafel zusammengestellten Werte:

| $H = 3$ | $B$ | $\varrho$ | $v$ | $\varphi$ | $H = 6$ | $B$ | $v$ | $\varrho$ | $\varphi$ |
|---|---|---|---|---|---|---|---|---|---|
| | 10 | 1,931 | 0,522 | 0,810 | | 10 | 1,597 | 0,427 | 0,829 |
| | 25 | 1,467 | 0,396 | 0,840 | | 25 | 1,133 | 0,359 | 0,858 |
| | 50 | 1,233 | 0,333 | 0,864 | | 50 | 0,899 | 0,243 | 0,897 |
| | 100 | 1,067 | 0,288 | 0,880 | | 100 | 0,733 | 0,198 | 0,917 |
| | 250 | 0,920 | 0,248 | 0,896 | | 250 | 0,586 | 0,158 | 0,932 |
| | 500 | 0,843 | 0,228 | 0,903 | | 500 | 0,512 | 0,138 | 0,942 |
| | 1000 | 0,793 | 0,214 | 0,909 | | 1000 | 0,459 | 0,124 | 0,946 |
| | 2500 | 0,747 | 0,202 | 0,915 | | 2500 | 0,413 | 0,115 | 0,951 |

Die relative Feuchtigkeit $\varphi$ ist in Abhängigkeit von Grundfläche und Höhe in Abb. 20 aufgetragen.

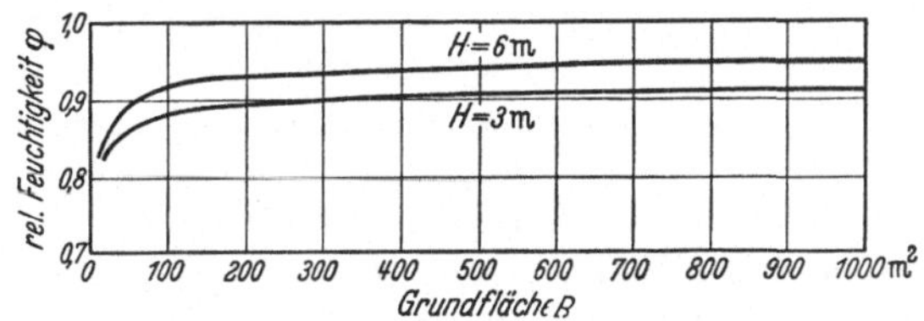


Abb. 20. Die relative Feuchtigkeit $\varphi$ als Funktion von Grundfläche und Höhe des Kühlraums.

Auf Grund dieser Kurven können wir ganz allgemein aussagen:

*1. Unter sonst gleichen Verhältnissen stellt sich in einem Kühlraum eine um so höhere relative Feuchtigkeit ein, je geringer die Einstrahlung je Raumeinheit ist.*

*2. Mit zunehmender Kühlraumgröße wächst die relative Feuchtigkeit anfangs sehr rasch, dann langsamer und strebt für unendlich große Räume einem Grenzwert zu.*

*3. Unter sonst gleichen Verhältnissen (bei gleicher spezifischer Raumbelegung) stellt sich in einem höheren Kühlraum eine geringere relative Feuchtigkeit ein als in einem niedrigeren.*

## b) Einfluß der Isolierung.

Es sei

| | | | |
|---|---|---|---|
| $B = 1000$ | $t = 2$ | $\Phi = 0,02$ | $w = 0,1$ |
| $H = 3$ | $t_a = 20$ | $\delta = 50$ | $\alpha = 5,66$ |
| $\varrho = 0,793$ | | | $\beta = 0,8$ |

Damit wird

$$v = \frac{(20 - 2) \cdot 0{,}793}{0{,}8 \cdot 566 \cdot 0{,}02 \cdot 50 \cdot 5{,}93} \cdot k = 0{,}535\, k,$$

und wir erhalten für verschiedene Werte von $k$ die folgende Zahlentafel:

| $k$ | 0,2 | 0,4 | 0,6 | 0,8 | 1,0 | 1,2 | 1,4 |
|---|---|---|---|---|---|---|---|
| $v$ | 0,107 | 0,214 | 0,321 | 0,428 | 0,535 | 0,642 | 0,749 |
| $\varphi$ | 0,954 | 0,909 | 0,868 | 0,833 | 0,791 | 0,756 | 0,724 |

Die relative Feuchtigkeit $\varphi$ als Funktion der Raumisolierung ist in Abb. 21 dargestellt. Man erkennt, daß die Abnahme von $\varphi$ mit zunehmendem $k$ annähernd linear erfolgt.

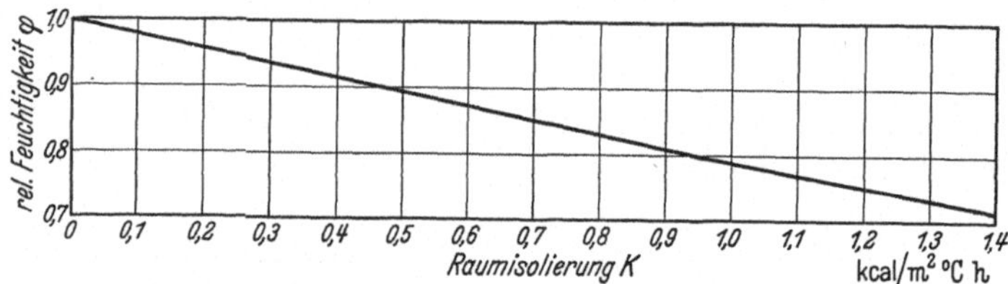


Abb. 21. Die relative Feuchtigkeit $\varphi$ als Funktion der Raumisolierung.

Auf Grund dieses Bildes können wir aussagen:

*Unter sonst gleichen Verhältnissen stellt sich in einem Kühlraum eine um so höhere relative Feuchtigkeit ein, je besser seine Isolierung ist. Bei idealer Isolierung wäre die Luft gesättigt.*

### c) Einfluß der spezifischen Raumbelegung.

Es sei

$$\begin{array}{lllll} B = 1000 & k = 0{,}4 & t = 2 & \varPhi = 0{,}02 & w = 0{,}1 \\ H = 3 & \text{bzw.}\quad k = 0{,}8 & t_a = 20 & & \alpha = 5{,}66 \\ \varrho = 0{,}793 & & & & \beta = 0{,}8 \end{array}$$

Damit wird

$$v = \frac{(20 - 2) \cdot 0{,}793 \cdot 0{,}4}{0{,}8 \cdot 5{,}66 \cdot 0{,}02 \cdot 5{,}93} \cdot \frac{1}{\delta} = \frac{10{,}7}{\delta} \qquad (k = 0{,}4).$$

bzw.

$$v = \frac{21{,}4}{\delta} \qquad (k = 0{,}8)$$

und wir erhalten für verschiedene Werte von $\delta$ die folgende Zahlentafel:

| $\delta$ | 10 | 25 | 50 | 75 | 100 | 125 | 150 | |
|---|---|---|---|---|---|---|---|---|
| $v$ | 1,070 | 0,428 | 0,214 | 0,153 | 0,107 | 0,086 | 0,072 | $\Big\}\ k = 0{,}4$ |
| $\varphi$ | 0,637 | 0,828 | 0,909 | 0,938 | 0,954 | 0,964 | 0,970 | |
| $v$ | 2,140 | 0,856 | 0,428 | 0,285 | 0,214 | 0,171 | 0,143 | $\Big\}\ k = 0{,}8$ |
| $\varphi$ | 0,440 | 0,694 | 0,833 | 0,874 | 0,910 | 0,927 | 0,939 | |

In Abb. 22 ist die relative Feuchtigkeit $\varphi$ als Funktion der spezifischen Raumbelegung dargestellt. Wir erkennen, daß $\varphi$ mit wachsendem $\delta$ ebenfalls zunimmt, und zwar anfangs sehr stark, dann schwächer. Bei $k = 0{,}4$ ist die Veränderlichkeit von $\varphi$ mit sich ändernder spezifischer Raumbelegung weniger stark als bei $k = 0{,}8$. Woraus allgemein folgt:

*1. Unter sonst gleichen Verhältnissen steigt in einem Kühlraum die relative Feuchtigkeit mit zunehmender spezifischer Raumbelegung.*

*2. Starke Isolierung dämpft die durch veränderte spezifische Raumbelegung entstehenden Schwankungen der relativen Feuchtigkeit.*

Würden wir in unserm Rechnungsbeispiel statt Fleisch ein anderes Kühlgut, z. B. Früchte wählen, die ein bedeutend größeres Verhältnis $\Phi$

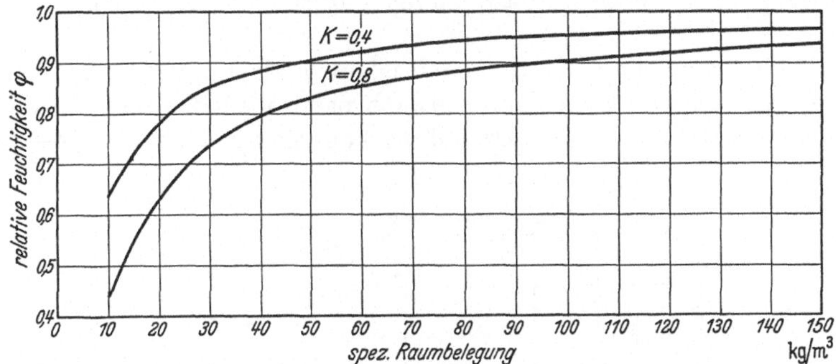


Abb. 22. Die relative Feuchtigkeit $\varphi$ als Funktion der spezifischen Raumbelegung.

von Oberfläche zu Gewicht besitzen, so würde auch die verdunstete Wassermenge und damit die relative Feuchtigkeit der Kühlluft höher werden. Ist andererseits die Ware gut verpackt, so verkleinert sich dadurch die der Verdunstung ausgesetzte Oberfläche und die relative Feuchtigkeit der Luft wird geringer. Dasselbe ist der Fall, wenn das Kühlgut nicht feucht sondern hygroskopisch ist. Wir können also noch die folgenden allgemeinen Aussagen machen:

*3. Unter sonst gleichen Verhältnissen stellt sich in einem Kühlraum eine um so höhere relative Feuchtigkeit ein, je größer das Verhältnis von Oberfläche zu Gewicht bei der lagernden Ware ist.*

*4. Das Verpacken, Stapeln usw. des Kühlgutes hat eine Verminderung der sich einstellenden relativen Feuchtigkeit zur Folge.*

*5. Je trockener die Kühlgutoberfläche ist, um so geringer wird die sich einstellende relative Feuchtigkeit im Kühlraum.*

### d) Einfluß der Außentemperatur.

Es sei

| | | | | |
|---|---|---|---|---|
| $B = 1000$ | $k = 0{,}4$ | $t = 2$ | $\Phi = 0{,}02$ | $w = 0{,}1$ |
| $H = 3$    bzw. | $k = 0{,}8$ | | $\delta = 50$ | $\alpha = 5{,}66$ |
| $\varrho = 0{,}793$ | | | | $\beta = 0{,}8$ |

Damit wird

$$v = \frac{(t_a - 2) \cdot 0{,}793 \cdot 0{,}4}{0{,}8 \cdot 5{,}66 \cdot 0{,}02 \cdot 50 \cdot 0{,}3} = 0{,}01188\,(t_a - 2) \quad (k = 0{,}4)\,,$$

bzw.

$$v = 0{,}02376\,(t_a - 2) \quad (k = 0{,}8)$$

und wir erhalten folgende Zahlentafel:

| $t_a$ | 5 | 10 | 15 | 20 | 25 | 30 | 35 | 40 | |
|---|---|---|---|---|---|---|---|---|---|
| $v$ | 0,036 | 0,095 | 0,155 | 0,214 | 0,274 | 0,357 | 0,393 | 0,452 | $\Big\} \; k = 0{,}4$ |
| $\varphi$ | 0,980 | 0,959 | 0,934 | 0,909 | 0,885 | 0,854 | 0,841 | 0,221 | |
| $v$ | 0,072 | 0,190 | 0,319 | 0,428 | 0,547 | 0,714 | 0,785 | 0,903 | $\Big\} \; k = 0{,}8$ |
| $\varphi$ | 0,972 | 0,918 | 0,868 | 0,828 | 0,789 | 0,735 | 0,715 | 0,681 | |

In Abb. 23 ist die relative Feuchtigkeit $\varphi$ als Funktion der Außentemperatur dargestellt. Es sind schwach nach oben konkav gekrümmte Kurven. Auf Grund dieser Darstellung können wir allgemein aussagen:

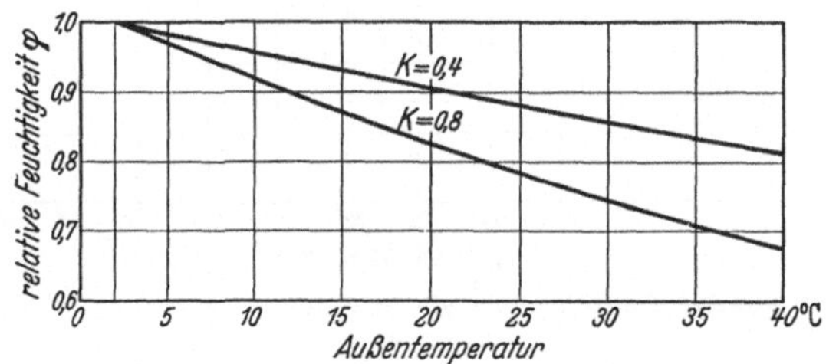


Abb. 23. Die relative Feuchtigkeit $\varphi$ als Funktion der Außentemperatur.

*1. Unter sonst gleichen Verhältnissen stellt sich in einem Kühlraum eine um so geringere relative Feuchtigkeit ein, je höher die Außentemperatur ist. Sinkt andererseits die Außentemperatur bis auf die Raumtemperatur und darunter, so wird die Raumluft gesättigt.*

*2. Starke Isolierung dämpft den Einfluß von Schwankungen der Außentemperatur auf die relative Feuchtigkeit im Kühlraum.*

### e) Einfluß der Raumtemperatur.

Es sei

$$B = 1000 \qquad t_a = 20 \qquad k = 0{,}4 \qquad \Phi = 0{,}02 \qquad w = 0{,}1$$
$$H = 3 \qquad\qquad\quad \text{bzw.}\ k = 0{,}8 \qquad \delta = 50 \qquad \alpha = 5{,}66$$
$$\varrho = 0{,}793 \qquad\qquad\qquad\qquad\qquad\qquad\qquad\quad \beta = 0{,}8$$

Damit wird

$$v = \frac{(20 - t) \cdot 0{,}793 \cdot 0{,}4}{0{,}8 \cdot 5{,}66 \cdot 0{,}02 \cdot 50 \cdot (a + b\,t)} = 0{,}0704\,\frac{20 - t}{a + b\,t} \qquad (k = 0{,}4)$$

bzw.

$$v = 0{,}1408\,\frac{20 - t}{a + b\,t} \qquad (k = 0{,}8)$$

und wir erhalten für verschiedene Raumtemperaturen folgende Zahlentafel:

| $t$ | 0 | 2 | 4 | 6 | 8 | 10 | |
|---|---|---|---|---|---|---|---|
| $v$ | 0,268 | 0,214 | 0,171 | 0,136 | 0,107 | 0,082 | $\}\ k = 0,4$ |
| $\varphi$ | 0,892 | 0,909 | 0,923 | 0,933 | 0,944 | 0,954 | |
| $v$ | 0,536 | 0,428 | 0,392 | 0,271 | 0,213 | 0,163 | $\}\ k = 0,8$ |
| $\varphi$ | 0,802 | 0,828 | 0,851 | 0,872 | 0,891 | 0,911 | |

Die relative Feuchtigkeit $\varphi$ ist in Abb. 24 als Funktion der Raumtemperatur dargestellt. Die beiden Kurven sind Hauptkurven. Da diese für $t = t_a$ durch den Punkt $\varphi = 1$ gehen, so folgt schon hieraus, daß mit

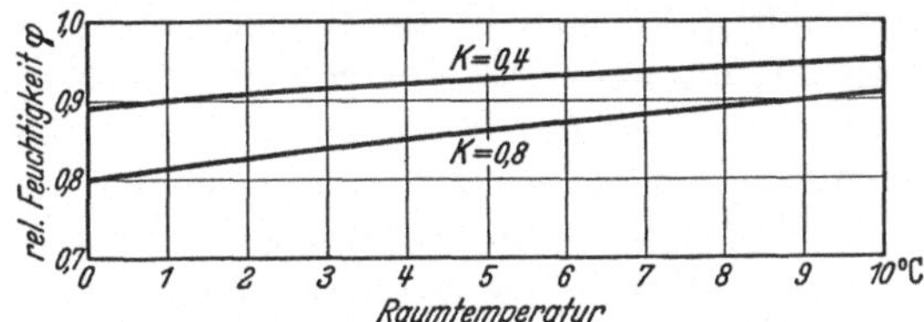


Abb. 24. Die relative Feuchtigkeit $\varphi$ als Funktion der Raumtemperatur.

steigender Raumtemperatur die relative Feuchtigkeit ebenfalls zunehmen muß. Allgemein können wir deshalb aussagen:

*Steigt in einem Kühlraum die Raumtemperatur, so stellt sich unter Voraussetzung konstanter Außentemperatur und bei sonst gleichbleibenden Verhältnissen eine höhere relative Feuchtigkeit ein.*

### f) Einfluß der Luftbewegung.

Wird in einem Kühlraum die Luftbewegung vergrößert, so steigt damit auch die verdunstende Wassermenge. Es muß sich infolgedessen eine höhere relative Feuchtigkeit im Raum einstellen. Nun aber haben wir es in allen Kaltlagerräumen im Mittel mit so geringen Luftgeschwindigkeiten zu tun, daß selbst eine beträchtliche Steigerung des stündlichen Luftumlaufs nur eine geringe Geschwindigkeitserhöhung mit sich bringt. Wir können deshalb allgemein aussagen:

*In Kaltlagerräumen ist der Einfluß des Luftumlaufs auf die relative Feuchtigkeit vernachlässigbar.*

## B. Abkühlräume.

In Abkühlräumen ist die sich einstellende relative Feuchtigkeit im wesentlichen durch den Eintrittszustand der Luft und die Übertemperatur des Kühlgutes bestimmt. Hier spielt der Einfluß der Einstrahlung in den Raum eine untergeordnete Rolle, weil das Kühlgut weitaus den Hauptanteil der abzuführenden Wärme liefert. Ebenso wird die

Verdunstung aus dem Kühlgut nur in sehr geringem Maße durch die Außentemperatur bestimmt, die ja für den Kaltlagerraum von entscheidendem Einfluß ist. Die Zustandsänderungen in Abkühlräumen folgen also anderen, einfacheren Gesetzen, die bereits durch die Gleichungen (44) bis (47) angegeben wurden.

# VI. Die Zustandsänderung feuchter Luft im Luftkühler.

Die Luft, welche im Kühlraum Wärme und Feuchtigkeit aufgenommen hat, wird durch natürliche Zirkulation oder vermittels eines Ventilators mit kalten Flächen in Berührung gebracht, an welche sie beide wieder abgibt, um den Kreislauf von neuem zu beginnen. Solche Flächen werden entweder durch gekühlte Metallwände oder durch Flüssigkeitsoberflächen gebildet. Wir unterscheiden deshalb zwischen Trocken- und Naßluftkühlern, die wegen ihres verschiedenen Einflusses auf die relative Feuchtigkeit der durchströmenden Luft gesondert behandelt werden sollen. Der Verlauf der Zustandsänderung der Luft bei ihrem Durchgang durch den Kühler ist aber in beiden Fällen grundsätzlich der gleiche.

Wird Luft mit einer kälteren Wand in Berührung gebracht, so geht je $m^2$ Kühlfläche und Stunde die Wärmemenge $q_l$ an diese über. Sie ist durch die bekannte Beziehung

$$(56) \qquad\qquad q_l = \alpha\,(t_l - t_w) \quad [\mathrm{kcal/h}]$$

gegeben, worin $\alpha$ die Wärmeübergangszahl in $\mathrm{kcal/m^2\,{}^\circ h}$, $t_l$ die Luft- und $t_w$ die Wandtemperatur bedeuten.

Diese Zustandsänderung erfolgt beim Trockenluftkühler ohne Wasserausscheidung, also auf einer Linie $x = \mathrm{const}$, wenn die Kühlflächentemperatur oberhalb des Taupunktes liegt. (Wir finden im $J$-$x$-Diagramm den Taupunkt, indem wir von dem betreffenden Zustandspunkt auf einer Linie $x = \mathrm{const}$ bis zum Schnittpunkt mit der Sättigungslinie herunterloten.) Beim Naßluftkühler liegen die Verhältnisse anders, wie wir später sehen werden. Dagegen tritt in allen Fällen Wasserausscheidung ein, wenn die Kühlflächentemperatur $t_w$ unterhalb des Taupunktes liegt. Gemäß der Theorie des Wärmeüberganges ist nämlich in unmittelbarer Nähe der Kühloberfläche eine sehr dünne Grenzschicht vorhanden, welche die Temperatur derselben besitzt und infolgedessen auch nur die dieser entsprechende Wassermenge enthalten kann. Es muß sich also hier augenblicklich ein Flüssigkeitsniederschlag einstellen. Ist dieser aber einmal vorhanden, so entsteht zwischen der Luft vom Eintrittszustand $(t_l,\ x_l,\ h_l)$ und der Grenzschicht vom Zustand $t_w,\ x''_w,\ h''_w$ eine Spannungsdifferenz, der zufolge ein weiterer Feuchtigkeitsniederschlag stattfindet.

Der Transport des Wasserdampfes von der Luft an die Kühlfläche erfolgt durch Diffusion und Konvektion nach Gesetzen, die denen des Wärmeüberganges analog sind. Ist $w$ die je m² und Stunde niedergeschlagene Wassermenge, in kg und $\sigma$ die Wasserübergangszahl zwischen Luft und Kühlfläche in kg/m²h, so wird

$$(57) \qquad w = \sigma \, (x_l - x_w'') .$$

Die Kondensationswärme für $w$ kg Wasserdampf beträgt

$$(58) \qquad q_w = r \cdot w ,$$

wenn $r$ hierin die Verdampfungswärme in kcal/kg bedeutet. Für das kleine in Betracht kommende Temperaturgebiet können wir nun genau genug setzen

$$(59) \qquad r = i_D - t_w ,$$

worin

$$(60) \qquad i_D = 595 + 0{,}46 \, t_w$$

den Wärmeinhalt von 1 kg Wasserdampf von der Temperatur $t_w$ bedeutet. Es ist somit

$$(61) \qquad r = 595 - 0{,}54 \, t_w .$$

Insgesamt wird also je m² Kühlfläche abgeführt

$$q_0 = q_l + wr ,$$

oder mit den Gleichungen (56) und (58)

$$q_0 = \alpha \, (t_l - t_w) + \sigma \cdot r \cdot (x_l - x_w'')$$

oder

$$(62) \qquad q_0 = \sigma \left[ \frac{\alpha}{\sigma} \, (t_l - t_w) + r \, (x_l - x_w'') \right] .$$

Nun besteht zwischen der Wärmeübergangszahl $\alpha$ und der Wasserübergangszahl $\sigma$ eine Beziehung, die zuerst von Lewis[10] ausgesprochen wurde. Im folgenden soll jedoch eine Ableitung von Merkel[11], auf dessen Arbeiten sich die Ausführungen dieses Kapitels wesentlich stützen, im Wortlaut wiedergeben werden. Sie wurde lediglich auf den uns interessierenden Vorgang sinngemäß interpretiert und infolgedessen an einigen Stellen entsprechend abgewandelt.

„Beim Wärmeübergang und ebenso beim Wasserübergang spielt die Konvektion, d. h. der Transport durch die Bewegung der einzelnen Luftteilchen die ausschlaggebende Rolle. Der Einfluß der molekularen Transporterscheinungen (Wärmeleitung und Diffusion) tritt dagegen zahlenmäßig zurück, solange sich Luft und Wasser nicht vollkommen in Ruhe befinden. Die Konvektion spielt sich in einer verhältnismäßig dünnen Grenzschicht in der Luft an der Wasseroberfläche ab. In dieser Grenzschicht ändert sich die Temperatur der Luft von $t_l$ bis $t_w$ und der Wassergehalt von $x_l$ auf $x_w''$. Der Transport von Wärme und Wasserdampf kommt dadurch zustande, daß die einzelnen Luftteilchen die Grenzschicht hin und her wandern, dabei am Wasser auf $t_w$ abgekühlt und auf $x_w''$ entfeuchtet werden, um auf dem Rückwege durch die Grenzschicht Wärme und Wasserdampf von anderen Teilchen wieder aufzunehmen, so daß sie am äußersten Rande der Schicht mit der Temperatur $t_l$ und dem Wassergehalt $x_l$ ankommen. Bewegen sie sich wieder nach der Wasserfläche zu, so kühlen und entfeuchten sie sich von neuem an andern vom Wasser kommenden Teilchen, um schließlich wieder $t_w$ und $x_w''$ zu erreichen. Ein und derselbe Mechanismus bewirkt also den Transport von Wärme und Wasserdampf. Wie groß dieser Transport in der Zeiteinheit ist, hängt lediglich davon ab, wieviel solche Luftteilchen in der Zeiteinheit auf der Fläche $F$ die Grenzschicht durchwandern, also vom Bewegungszustand der Luft gegenüber dem Wasser, der hauptsächlich durch die Relativgeschwindigkeit zwischen beiden bedingt ist. 1 kg Luft mit dem Wassergehalt $x$ befördert beim einmaligen Hin- und Hergang die Wärmemenge

$$\frac{1}{1+x_l}\, c_p\, (t_l - t_w)$$

und die Wassermenge

$$\frac{1}{1+x_l}\, (x_l - x_w'')$$

durch die Grenzschicht hindurch. Der Bewegungszustand sei nun so, daß in der Zeiteinheit auf 1 m² Wasserfläche $k$ kg hin- und herwandern. Dann ist die je m² übertragene Wärme

$$q_l = k \cdot \frac{1}{1+x_l} \cdot c_p\, (t_l - t_w) = \alpha\, (t_l - t_w),$$

also die Wärmeübergangszahl

$$\alpha = k \cdot \frac{1}{1+x_l} \cdot c_p$$

und die übertragene Wassermenge

$$w = k \cdot \frac{1}{1+x_l} \cdot (x_l - x_w'') = \sigma\, (x_l - x_w''),$$

also die Wasserübergangszahl

$$\sigma = k \cdot \frac{1}{1+x_l}.$$

Durch Division erhält man daraus

$$(63) \qquad\qquad \frac{\alpha}{\sigma} = c_p,$$

das sog. Lewissche Gesetz."

Voraussetzung für die Gültigkeit dieser Beziehung ist, wie auch Merkel in seiner Ableitung betont, daß der Einfluß der Konvektion den der Diffusion und Wärmeleitung weit übertrifft, was nur bei stärkerer Luftbewegung der Fall ist. Bei ruhenden Gasen dagegen sind diese

Einflüsse maßgebend. In solchem Falle gilt das Lewissche Gesetz nur
dann, wie hier nicht näher erläutert werden kann, wenn die Diffusions-
zahl der beiden Gase gleich ist der Temperaturleitzahl des Gemisches.
Dies ist im allgemeinen nicht der Fall, trifft jedoch für die Diffusion
von Wasserdampf in Luft annähernd zu. Für ruhende Luft gilt dann
die Beziehung

$$(63\,\text{a}) \qquad \frac{\alpha}{\sigma} = \frac{c_p}{0,9}\,.$$

In den nachfolgenden Ausführungen soll jedoch in Anbetracht der Tatsache, daß wir es bei Luftkühlern überwiegend mit turbulenten Strömungen zu tun haben, die Gültigkeit des Lewisschen Gesetzes vorausgesetzt werden.

Setzen wir Gleichung (63) in Gleichung (62) ein, so erhalten wir

$$(64) \qquad q_0 = \sigma\,[c_p\,(t_l - t_w) + r\,(x_l - x_w'')]\,.$$

Mit

$$(61) \qquad r = 595 - 0,54\,t_w\,,$$

$$c_p = 0,24 + 0,46\,x_l\,,$$

$$(1) \qquad i_l = 0,24\,t_l + (595 + 0,46\,t_l)\,x_l$$

und

$$(1) \qquad i_w'' = 0,24\,t_w + (595 + 0,46\,t_w)\,x_w''$$

ergibt sich

$$(65) \qquad q_0 = \sigma\,[i_l - i_w'' - (x_l - x_w'')\,t_w]\,.$$

Da

$$(57) \qquad \sigma\,(x_l - x_w'') = w$$

ist, so können wir auch schreiben

$$(66) \qquad q_0 = \sigma\,(i_l - i_w'') - w \cdot t_w\,.$$

Hierin bedeutet das erste Glied die Verminderung des Wärmeinhalts
der vorbeistreichenden Luft, das zweite den Wärmeinhalt des nieder-
geschlagenen Wassers. Noch allgemeiner ist also

$$(66\,\text{a}) \qquad q_0 = \sigma\,(i_l - i_w'') - w \cdot i_w\,.$$

Liegt nämlich die Temperatur einer metallischen Kühlfläche unterhalb $0°$,
so fällt der Niederschlag in Form von Eis aus. Alsdann ist auch noch
die Schmelzwärme $s = 80$ kcal/kg abzuführen und es wird

$$(67) \qquad i_w = c_{\text{eis}} \cdot t_w - s\,,$$

oder

$$i_w = 0,5\,t_w - 80\,,$$

wenn die spezifische Wärme des Eises $c_{\text{eis}} = 0,5$ kcal/kg° beträgt.

Längs einer Kühlfläche $F$ mit der konstanten Temperatur $t_w$ mögen
nun stündlich $L$ kg Luft strömen. Die an einem Flächenelement $dF$

bewirkte Änderung des Wärmeinhalts derselben wird durch das erste Glied der Gleichung (66) dargestellt. Es ist also

$$(68) \qquad L\, di_l = \sigma\, (i_l - i''_w)\, d\,F .$$

Liegt $t_w$ unterhalb des Taupunktes, so findet auch Feuchtigkeitsausscheidung statt, und die Änderung des Wassergehalts der Luft ist

$$(69) \qquad L\, dx_l = \sigma\, (x_l - x''_w)\, d\,F .$$

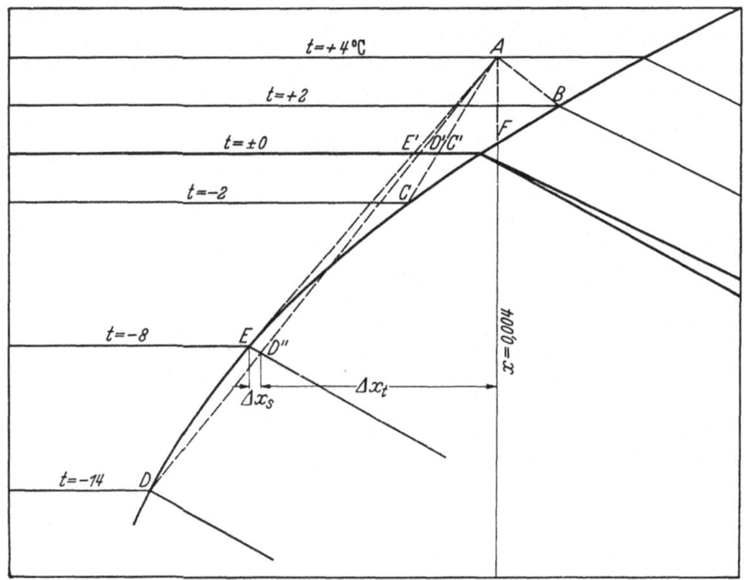


Abb. 25. Kühlung feuchter Luft durch kalte Oberflächen.

Dividiert man beide Gleichungen durcheinander, so erhält man

$$(70) \qquad \frac{d\,i_l}{d\,x_l} = \frac{i_l - i''_w}{x_l - x''_w} .$$

Bei unveränderlicher Kühlflächentemperatur ist dieser Differentialquotient konstant. Bezeichnet man den Eintrittszustand der Luft mit dem Index 1 und irgendeinen andern, z. B. den Austrittszustand mit dem Index 2, so ist

$$(71) \qquad \frac{i_1 - i_2}{x_1 - x_2} = \frac{i_l - i''_w}{x_l - x''_w} .$$

Die Änderung des Luftzustandes beim Vorbeistreichen an der Fläche des Luftkühlers liegt also im $J$-$x$-Diagramm stets auf einer Geraden, die den Punkt des Eintrittszustandes und den Schnittpunkt der Kühlflächentemperaturgeraden mit der Sättigungslinie miteinander verbindet.

Je nach der Höhe der Kühlflächentemperatur wird der Wassergehalt der Luft bei Abkühlung auf eine bestimmte Endtemperatur verschieden groß. Die stärkste Wasserausscheidung wird bei einer Kühlflächentemperatur erreicht, bei der die Zustandsgerade die Sättigungslinie berührt (Abb. 25). Ist die Kühlflächentemperatur gleich der Taupunkttemperatur, so tritt gar keine Taubildung ein; ist sie höher, so wird $x_w''$ größer als $x_l$, d. h., es findet Verdunstung und damit eine Wasseraufnahme statt, vorausgesetzt, daß die Kühlfläche aus Wasser besteht. Wenn die Kühlflächentemperatur so tief liegt, daß das Maximum der Wasserausscheidung unterschritten wird und der Endpunkt der Zustandsänderung rechts von der Grenzkurve fällt, so tritt neben der Ausscheidung an der Kühlfläche auch noch Nebel- oder Schneebildung in der Luft selbst auf. So z. B. scheidet sich aus Luft vom Zustande $D''$ der Anteil $\Delta x_t$ an der Kühlfläche aus, während der Anteil $\Delta x_s$ als Schnee in fein verteiltem Zustande in ihr verbleibt.

## a) Trockenluftkühler.

Die Kälteleistung je m² Kühlfläche bei Feuchtigkeitsniederschlag an den Kühlrohren ist nach Gleichung (65) und (66a) durch die Beziehung

$$q_0 = \sigma \left[ i_l - i_w'' - (x_l - x_w'') \, i_w \right],$$

bei trockener Luft durch Gleichung (56) mit

$$q_l = \alpha \, (t_l - t_w)$$

gegeben. Das Verhältnis beider zueinander ist also

$$(72) \qquad \xi = \frac{q_0}{q_l} = \frac{\sigma \left[ (i_l - i_w'') - (x_l - x_w'') \, i_w \right]}{\alpha \, (t_l - t_w)}.$$

Setzt man hierin

$$i_l - i_w'' = c_p \, (t_l - t_w) + 595 \, (x_l - x_w'')$$

und

$$(63) \qquad \frac{\alpha}{\sigma} = c_p.$$

so wird

$$(73) \qquad \xi = 1 + \frac{x_l - x_w''}{t_l - t_w} \cdot \frac{595 - i_w}{c_p}.$$

Damit ist ausgesprochen, daß die vom Luftkühler zu übertragende Kälteleistung bei Kühlung feuchter Luft im allgemeinen größer ist als bei Kühlung trockener Luft, vorausgesetzt, daß Feuchtigkeitsausscheidung stattfindet. Und zwar ist sie um so größer, je näher Kühlflächen- und Lufttemperatur beieinander liegen und je höher die relative Feuchtigkeit beim Eintritt in den Luftkühler ist. Schließlich ist der Einfluß der Taubildung auf die Kälteleistung um so größer, je höher die Lufttemperatur ist.

Kennt man das Verhältnis $\xi$, so kann man die zu übertragende Wärmemenge auf Grund der Beziehung

$$(74) \qquad q_0 = \xi \, q_l = \xi \cdot \alpha \cdot (t_l - t_w)$$

berechnen. Da die Wärmeübergangszahl $\alpha$ im allgemeinen für praktisch trockene Luft bestimmt wird, so ist mit der Aufstellung des Wertes $\xi$ erst die Grundlage für die Berechnung von Luftkühlern gegeben, in denen die Luft nicht nur gekühlt, sondern auch entfeuchtet wird, wie das in der kältetechnischen Praxis fast stets der Fall ist. Man rechnet dann so, als ob man trockene Luft zu kühlen hätte, jedoch mit einer $\xi$-mal so großen Wärmeübergangszahl.

Über die Ermittlung der Wärmeübergangszahl $\alpha$ von Luft an eine Wand unter den verschiedensten Bedingungen liegen zahlreiche Untersuchungen vor. Im Rahmen dieser Abhandlung müssen wir uns darauf beschränken, die in der Kältetechnik wichtigsten Fälle kurz zu behandeln. Die folgenden Ausführungen sollen und können nicht das Studium der umfangreichen Spezialliteratur ersetzen. Sie sind in erster Linie für den in der Praxis stehenden Ingenieur bestimmt, der eine zuverlässige, wenn auch weniger genaue Näherungsrechnung der umständlicheren exakten meist aus Zeitmangel vorziehen muß.

Bei der Kühlung mit natürlichem Luftumlauf haben wir es mit der sog. „freien Strömung" zu tun, bei der die Bewegung innerhalb der Luft nur durch die Dichteunterschiede infolge verschiedener Temperatur der einzelnen Luftteilchen hervorgerufen wird. Fast ausschließlich handelt es sich dabei um waagerechte Rohre, für die sich die Wärmeübergangszahl nach einer von Nusselt[12] aufgestellten Näherungsformel mit

$$(75) \qquad \alpha = 2{,}8 \sqrt[4]{t_l - t_w}$$

für technische Zwecke genügend genau berechnen läßt. Diese Beziehung wurde zwar nur für waagerechte Wände aufgestellt, jedoch liefert sie Werte, die den in der kältetechnischen Praxis beobachteten nahe kommen und hat den Vorteil der Einfachheit und Durchsichtigkeit. Für genauere Rechnungen sei auf die von Nusselt aufgestellte, sehr verwickelte Beziehung für den Wärmeübergang an horizontalen Zylindern verwiesen.

Weit besser als über den Wärmeübergang bei freier Strömung sind wir über den bei erzwungener Strömung unterrichtet. In den in der Kältetechnik am häufigsten verwandten Luftkühlern strömt die Luft in Richtung der Rohre, nicht senkrecht zu den Rohren, obgleich der Wärmeübergang im letzten Fall weit besser ist. Man tut das letzten Endes aus wirtschaftlichen Rücksichten, auf die hier nicht näher eingegangen werden soll. Wir wollen uns deshalb in diesem Zusammenhang mit der Darstellung der Wärmeübergangszahl am geraden Rohr begnügen. Nach Stender[13] läßt sich diese darstellen durch die Beziehung

$$(76) \qquad \alpha = 0{,}153 \cdot \lambda \cdot \left(\frac{\gamma}{a\,\mu}\right)^{0{,}435} \cdot \frac{w^{0{,}87}}{d^{0{,}13}} = b\,\frac{w^{0{,}87}}{d^{0{,}13}}\,.$$

Hierin bedeutet $\lambda$ die Wärmeleitzahl, $\gamma$ das spezifische Gewicht, $a$ die Temperaturleitfähigkeit, $\mu$ die Zähigkeit, $w$ die Geschwindigkeit der

Luft und $d$ den gleichwertigen Durchmesser des Strömungsquerschnitts. Die Größe $b$ läßt sich für unser Temperaturgebiet auf etwa 1% genau als Funktion der mittleren Temperatur darstellen mit

$$(77) \qquad b = 1755\,(1 + 0{,}015\,t_m)\,,$$

wobei für

$$(78) \qquad t_m = t_l + 0{,}1\,(t_l - t_w)$$

einzusetzen ist. Damit erhalten wir

$$(79) \qquad \alpha = 1755\,(1 + 0{,}015\,t_m)\,\frac{w^{0,87}}{d^{0,13}}\,.$$

Bei Rippenrohren ist die Kühlflächentemperatur $t_w$ nicht konstant, sondern nimmt vom Fußpunkt der Rippe bis zur Spitze ab. Für den Fall einer einzigen ebenen Rippe an einer sehr dicken Wand läßt sich nach Gröber[14] die Temperatur an der Spitze näherungsweise berechnen, wenn die Temperatur am Fußpunkt gegeben ist. Ist $b$ die Dicke, $h$ die Höhe der Rippe, $t_{w1}$ die Temperatur am Fußpunkt, $t_{w2}$ an der Spitze, ist weiter $\lambda$ die Wärmeleitzahl der Rippe und $\alpha$ die Wärmeübergangszahl, so ist

$$(80) \qquad t_{w2} = \frac{t_{w1}}{\mathfrak{Cof}\left(h \cdot \sqrt{\dfrac{2\,\alpha}{\lambda \cdot b}}\right)}\,.$$

Wir setzen nun die mittlere Temperatur der Rippe gleich dem arithmetischen Mittel von Fuß- und Spitzentemperatur, also

$$(81) \qquad t_{wr} = \frac{t_{w1} + t_{w2}}{2}\,.$$

Sind an einem Kühlrohr mit der Oberfläche $F_k$ und der Temperatur $t_{wk}$ Rippen mit der Gesamtoberfläche $F_r$ und der mittleren Temperatur $t_{wr}$ angebracht, so betrachten wir als mittlere Temperatur des ganzen Rippenrohres den Wert

$$(82) \qquad t_{wm} = \frac{F_k \cdot t_{wk} + F_r \cdot t_{wr}}{F_k + F_r}\,.$$

Die vom Rippenrohr übertragene Wärmemenge wird damit

$$Q_0 = \alpha\,(F_k + F_r)\,(t_l - t_{wm})\,.$$

Die mittlere Temperatur $t_{wm}$ ist natürlich höher als die Rohrtemperatur $t_{wk}$ und die übertragene Wärmemenge entsprechend kleiner als bei einem glatten Rohr von gleicher Fläche. Diese Verminderung kann man sich nun auch so entstanden denken, daß zwar am ganzen Rippenrohr die Temperatur $t_{wk}$, jedoch eine kleinere scheinbare Wärmeübergangszahl vorhanden ist. Es wäre dann

$$Q_0 = \alpha_r\,(F_k + F_r)\,(t_l - t_{wk})$$

und man erhielte mit

$$(83) \qquad \alpha_r = \alpha\,\frac{t_l - t_{wm}}{t_l - t_{wk}}\,,$$

die scheinbare Wärmeübergangszahl bei Rippenrohren, abhängig von der Wärmeübergangszahl am glatten Rohr.

Die hier aufgestellten Beziehungen enthalten eine ganze Reihe von Vernachlässigungen. Abgesehen davon, daß Gleichung (80) nur für die ebene Rippe und nicht für das Rippenrohr Geltung hat, stellen auch die Mittelwertbildungen der Gleichungen (81) und (82) nur ziemlich rohe Annäherungen dar. Der Temperaturverlauf im ganzen Rippenrohr ist vielmehr sehr verwickelt und hängt von der Gestalt und dem Material der Rippe ab. Schließlich ist der Wärmeübergang am Rohr und an der Rippe nicht der gleiche und ändert sich selbst an der letzteren von Punkt zu Punkt. Der Abstand der einzelnen Rippen voneinander hat hierauf einen wesentlichen Einfluß. Trotz aller dieser Vernachlässigungen liefern die angegebenen Beziehungen Resultate, die wenigstens hinsichtlich der Größenordnung mit den Erfahrungswerten übereinstimmen und den Einfluß einiger maßgebender Faktoren, wie Höhe und Dicke, Material und Anzahl der Rippen im wesentlichen richtig erkennen lassen. Genaue Unterlagen sind nur durch Versuche zu gewinnen, und es sei an dieser Stelle auf die Arbeit von Th. E. Schmidt [15] „Der Wärmeübergang in Luftkühlern mit Rippenrohren" verwiesen, in der zum erstenmal das Rippenrohr als Kälteübertragungsfläche untersucht wurde. Schmidt fand für die Wärmeübergangszahl von Rippenrohrluftkühlern an die Luft bei Atmosphärendruck die Beziehung

$$\alpha = C \cdot w^n,$$

wobei er feststellte, daß für jedes Rippenrohrsystem sowohl der Koeffizient $C$ wie auch der Exponent $n$ verschieden sind. Die Wärmeübergangszahl erwies sich bei unverzinkten Systemen um 12% niedriger als bei verzinkten, und im übrigen als unabhängig von der Temperaturdifferenz zwischen Rohrwand und Luft sowie von der Lage des Rippenrohres im System.

Zur Ermittlung von $\xi$ ist die Kenntnis der Kühlflächentemperatur $t_w$ sowie des Eintrittszustandes der Luft in den Luftkühler erforderlich. Die erstere kann man bei direkter Verdampfung genau genug gleich der Verdampfungstemperatur setzen, solange die Kühlfläche unbereift ist. Der Eintrittszustand der Luft in den Luftkühler kann praktisch gleich dem Austrittszustand aus dem Kühlraum angenommen werden und ist bei Kaltlagerräumen wie wir sahen, durch seine Lage auf der Hauptkurve und die Temperatur $t_l$ eindeutig bestimmt.

Ist die abzuführende Wärmemenge bekannt, so berechnet sich die erforderliche Kühlfläche nach der Beziehung

$$(84) \qquad F = \frac{Q_0}{\xi \cdot \alpha \cdot \varDelta t_m}.$$

Die mittlere Temperaturdifferenz ist hierin

$$(85) \qquad \varDelta t_m = \frac{t_{l1} - t_{l2}}{\ln \dfrac{t_{l2} - t_0}{t_{l1} - t_0}},$$

wenn $t_{l1}$ und $t_{l2}$ Ein- und Austrittstemperatur der Luft und $t_0$ die Verdampfungstemperatur bedeutet. Ändert sich bei Solekühlung die Soletemperatur sehr stark, so ist mit der mittleren Temperaturdifferenz

$$(86) \qquad \Delta t_m = \frac{(t_{l1} - t_{s1}) - (t_{l2} - t_{s2})}{\ln \dfrac{t_{l1} - t_{s1}}{t_{l2} - t_{s2}}}$$

zu rechnen. Ebenso muß dann anstatt der Wärmeübergangszahl $\alpha$ die Wärmedurchgangszahl in die Rechnung eingesetzt werden, die durch die Beziehung

$$(87) \qquad k = \frac{1}{\dfrac{1}{\xi\,\alpha} + \dfrac{1}{\alpha_s} + \sum \dfrac{\delta_i}{\lambda_i}}$$

gegeben ist, wobei $\alpha_s$ die Wärmeübergangszahl auf der Soleseite, $\delta_i$ die verschiedenen Schichtdicken von Wand und Belag (Öl, Schnee) und $\lambda_i$ deren Wärmeleitzahlen bedeuten.

Liegt die Verdampfungstemperatur unterhalb $0°$, so bildet sich ein Schneeniederschlag, der den Wärmeübergang und damit die für die Zustandsänderung der Luft maßgebende Oberflächentemperatur $t_w$ verändert. Beträgt die Schneedicke $s$ m, so muß die Wärmemenge

$$(65) \qquad q_0 = \sigma \left[ i_l - i_v'' - (x_l - x_w'')\, i_w \right]$$

auch durch diese hindurchgehen. Es muß also sein

$$(88) \qquad q_0 = \frac{\lambda_{\text{eis}}}{s}\,(t_w - t_k),$$

wenn $\lambda_{\text{eis}}$ die Wärmeleitzahl des Schnees, $t_k$ die Temperatur der Metalloberfläche und $t_w$ die der Schneeoberfläche bedeutet. Hieraus errechnet sich

$$(89) \qquad t_w = \frac{s \cdot q_0}{\lambda_{\text{eis}}} + t_k = \frac{s \cdot \sigma}{\lambda_{\text{eis}}} \left[ i_l - i_w'' - (x_l - x_w'')\, i_w \right] + t_k,$$

die bei einer Schneedicke $s$ sich einstellende Oberflächentemperatur. Sorgt man dafür, daß der Schnee jeweils nach Erreichung einer bestimmten Dicke $s$ abgetaut wird, so ist die durchschnittlich vorhandene maßgebende Kühlflächentemperatur genügend genau gegeben durch

$$t_{wm} = \frac{t_k + t_w}{2}.$$

Über die Wärmeleitzahl von Schnee liegen Untersuchungen von Schropp[16] vor. Die Abb. 26 ist dieser Arbeit entnommen und stellt die Wärmeleitzahl von Schnee in Abhängigkeit vom Raumgewicht dar. Leider ergeben die Versuche, daß zwischen der Niederschlagsdicke und dem Raumgewicht kein eindeutiger Zusammenhang besteht. Die Beobachtung des Bereifungsvorganges zeigte vielmehr, daß der Niederschlag anfangs sehr locker erfolgt und deshalb ein geringes Raumgewicht besitzt, daß aber mit fortschreitender Entwicklung der Reifschicht eine zunehmende Verdichtung eintritt, an der sich auch die inneren anfangs lockeren Schneeschichten beteiligen. Die Verdichtung schreitet um so rascher fort, je größer die stündliche Niederschlagsmenge ist und je höher die Temperaturen der Kühlfläche und der Umgebungsluft liegen. Bei einer praktisch möglichst nicht zu überschreitenden Schichtdicke von 10 mm kann das Raumgewicht zwischen 200 und 300 kg/m³ schwanken, und zwar gilt der untere Wert bei kleiner, der obere bei großer Niederschlagsmenge je m² und Zeiteinheit. Es bleibt also vorläufig nichts anderes übrig, als unter Berücksichtigung der jeweils vorliegenden Verhältnisse einen zwischen den angegebenen Zahlen liegenden Wert

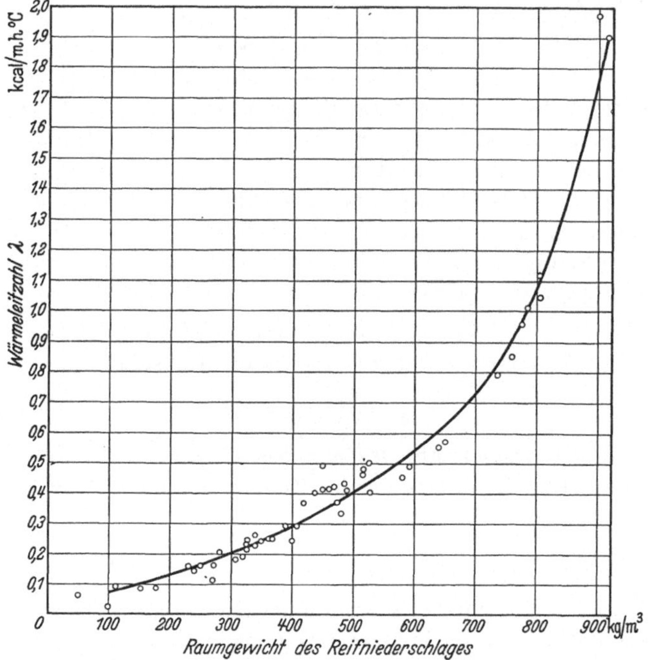


Abb. 26. Die Wärmeleitzahl des Schnees λ als Funktion der Schneedicke.

für das Raumgewicht der Berechnung zugrunde zu legen. Auf ein Abtauen der Eisschicht zu verzichten, wie Schropp dies vorschlägt, da mit wachsender Eisschicht zwar deren Wärmewiderstand, zugleich aber auch die Kühlfläche wachse und die gegenteiligen Einflüsse beider auf die gesamte Kälteübertragung sich kompensieren können, kommt praktisch nicht in Frage. Die aus wirtschaftlichen Gründen einzuhaltenden Temperaturdifferenzen an Luftkühlern sind meist um mehr als die Hälfte kleiner als die von Schropp bei seinen Versuchen verwirklichten und auch seinen Rechnungen zugrunde gelegten. Die Verminderung der Temperaturdifferenz zwischen Kühloberfläche und Luft bei großer Schneedicke wirkt sich infolgedessen in Wirklichkeit auf die Wärmeübertragung viel nachteiliger aus, als dies bei den Schroppschen Versuchen der Fall war.

## b) Naßluftkühler.

Bei den Naßluftkühlern tritt die Luft mit Flüssigkeitsoberflächen in Berührung, die in der Weise gebildet werden, daß die Flüssigkeit über Leitwände oder Füllkörper rieselt oder aber auch durch Düsen in Tropfen zerrissen wird, die nun frei durch den Raum fallen und auf ihrem Wege mit der abzukühlenden Luft in Wärmeaustausch treten. Als Kühlflüssigkeit dient für die höheren Temperaturen Wasser, für die tieferen Salzsole.

Bei Wasserkühlung besteht zwischen Naß- und Trockenluftkühlern in allen den Luftzustand betreffenden Verhältnissen kein grundsätzlicher Unterschied. Hier wie dort kommt der Wärme- und Feuchtigkeitsaustausch durch Konvektion und Diffusion zustande, wobei ein Spannungsunterschied zwischen dem Partialdruck der Luft und dem Sättigungsdruck des in der Grenzschicht vorhandenen Wassers von Kühlflächentemperatur den Mechanismus aufrecht erhält. Lediglich in dem Fall, daß die Oberflächentemperatur über dem Taupunkt liegt, verhalten sich beide insofern verschieden, als beim Trockenluftkühler eine Abkühlung der Luft ohne Trocknung, beim Naßluftkühler dagegen Verdunstung der Kühlflüssigkeit und damit eine Anreicherung der Luft mit Wasserdampf stattfindet. Da die Temperaturdifferenzen bei Naßluftkühlern im allgemeinen geringer sind als bei Trockenluftkühlern, die Lufttemperaturen also sehr nahe an die Flüssigkeitstemperaturen herangeführt werden können, so besteht hier die Gefahr, daß durch die Kühlung eine entgegengesetzte Wirkung, wie beabsichtigt, hervorgerufen wird.

Die Dampfdrücke über Salzlösungen sind geringer als die über Wasser. Sie wurden von Linge[17] für die in der Kältetechnik wichtigsten Kühllösungen Chlornatrium, Chlorkalzium und Chlormagnesium abhängig von Konzentration und Temperatur ermittelt und sind in Zahlentafel 5 bis 7 wiedergegeben. Wir erkennen, daß der Dampfdruck mit steigender Konzentration und sinkender Temperatur abnimmt. Da nun der Partialdruck des Wasserdampfs in der Luft an der Grenzschicht einer solchen Flüssigkeitsoberfläche gleich dem Dampfdruck derselben sein muß, so folgt daraus, daß die Luft hier nicht gesättigt sein kann, wie an einer Wasseroberfläche, sondern eine geringere relative Feuchtigkeit besitzen muß. Im $J$-$x$-Diagramm finden wir den mit der Salzlösung im Gleichgewicht stehenden Luftzustand, indem wir die über die Dampfdruckkurve hinaus verlängerte Linie $h_D = $ const, deren Wert der Zahlentafel entnommen wird, mit der der Temperatur der Flüssigkeit entsprechenden Temperaturgeraden zum Schnitt bringen. Die relative Feuchtigkeit der Luft an der Grenzschicht findet man rechnerisch mit

$$\varphi = \frac{h_{DL}}{h_{Dw}},$$

Zahlentafel 5. Dampfdrücke über Lösungen von Chlornatrium in mm Hg.

| Spez. Gew. bei 15° | °Bé | Salzgehalt in % der Lösung | Salzgehalt in 100 Teilen Wasser | Gefrier-punkt | Dampfbrücke bei 6° | 4° | 2° | 0° | − 2° | − 4° | − 6° | − 8° | −10° | −12° | −14° | −16° | −18° | −20° |
|---|---|---|---|---|---|---|---|---|---|---|---|---|---|---|---|---|---|---|
| 1,00 | 0,0 | 0,0 | 0,0 | 0,0 | 7,01 | 6,10 | 5,29 | 4,58 | 3,88 | 3,28 | 2,76 | 2,32 | 1,95 | 1,63 | 1,36 | 1,13 | 0,94 | 0,77 |
| 1,01 | 1,6 | 1,5 | 1,5 | − 0,8 | 6,94 | 6,04 | 5,24 | 4,54 | | | | | | | | | | |
| 1,02 | 3,0 | 2,9 | 3,0 | − 1,7 | 6,88 | 5,99 | 5,20 | 4,50 | | | | | | | | | | |
| 1,03 | 4,3 | 4,3 | 4,5 | − 2,7 | 6,82 | 5,94 | 5,15 | 4,46 | 3,84 | | | | | | | | | |
| 1,04 | 5,7 | 5,6 | 5,9 | − 3,6 | 6,76 | 5,89 | 5,10 | 4,42 | 3,81 | | | | | | | | | |
| 1,05 | 7,0 | 7,0 | 7,5 | − 4,6 | 6,69 | 5,82 | 5,05 | 4,37 | 3,77 | 3,25 | | | | | | | | |
| 1,06 | 8,3 | 8,3 | 9,0 | − 5,5 | 6,62 | 5,76 | 5,00 | 4,33 | 3,74 | 3,22 | | | | | | | | |
| 1,07 | 9,6 | 9,6 | 10,6 | − 6,6 | 6,56 | 5,70 | 4,95 | 4,28 | 3,70 | 3,18 | | | | | | | | |
| 1,08 | 10,8 | 11,0 | 12,3 | − 7,8 | 6,48 | 5,64 | 4,89 | 4,23 | 3,65 | 3,15 | 2,71 | | | | | | | |
| 1,09 | 12,0 | 12,3 | 14,0 | − 9,1 | 6,41 | 5,58 | 4,83 | 4,19 | 3,61 | 3,11 | 2,68 | 2,29 | | | | | | |
| 1,10 | 13,2 | 13,6 | 15,7 | −10,4 | 6,34 | 5,52 | 4,78 | 4,14 | 3,57 | 3,08 | 2,65 | 2,27 | 1,94 | | | | | |
| 1,11 | 14,4 | 14,9 | 17,5 | −11,8 | 6,26 | 5,45 | 4,72 | 4,09 | 3,54 | 3,04 | 2,61 | 2,24 | 1,91 | | | | | |
| 1,12 | 15,6 | 16,2 | 19,3 | −13,2 | 6,17 | 5,37 | 4,66 | 4,03 | 3,48 | 3,00 | 2,58 | 2,21 | 1,89 | 1,61 | | | | |
| 1,13 | 16,7 | 17,5 | 21,2 | −14,6 | 6,09 | 5,30 | 4,60 | 3,98 | 3,43 | 2,96 | 2,54 | 2,18 | 1,86 | 1,59 | 1,35 | | | |
| 1,14 | 17,8 | 18,8 | 23,1 | −16,2 | 6,00 | 5,22 | 4,53 | 3,92 | 3,38 | 2,91 | 2,51 | 2,15 | 1,83 | 1,56 | 1,33 | 1,13 | | |
| 1,15 | 18,9 | 20,0 | 25,0 | −17,8 | 5,91 | 5,14 | 4,46 | 3,86 | 3,33 | 2,87 | 2,47 | 2,11 | 1,81 | 1,54 | 1,31 | 1,11 | | |
| 1,16 | 20,0 | 21,2 | 26,9 | −19,4 | 5,82 | 5,06 | 4,39 | 3,80 | 3,28 | 2,82 | 2,43 | 2,08 | 1,77 | 1,52 | 1,29 | 1,09 | 0,92 | |
| 1,17 | 21,1 | 22,4 | 29,0 | −21,2 | 5,71 | 4,97 | 4,30 | 3,73 | 3,22 | 2,77 | 2,38 | 2,04 | 1,74 | 1,49 | 1,26 | 1,07 | 0,90 | 0,76 |

Zahlentafel 6. Dampfdrücke über Lösungen von Chlorcalcium in mm Hg.

| Spez. Gew. bei 15° | °Bé | Salzgehalt in % der Lösung | Salzgehalt in 100 Teilen Wasser | Gefrier-punkt | Dampfbrücke bei 6° | 4° | 2° | 0° | − 2° | − 4° | − 6° | − 8° | −10° | −12° | −14° | −16° | −18° | −20° |
|---|---|---|---|---|---|---|---|---|---|---|---|---|---|---|---|---|---|---|
| 1,00 | 0,0 | 0,0 | 0,0 | 0,0 | 7,01 | 6,10 | 5,29 | 4,58 | 3,88 | 3,28 | 2,76 | 2,32 | 1,95 | 1,63 | 1,36 | 1,13 | 0,94 | 0,77 |
| 1,01 | 1,6 | 1,3 | 1,3 | − 0,6 | 6,97 | 6,07 | 5,26 | 4,56 | | | | | | | | | | |
| 1,02 | 3,0 | 2,5 | 2,6 | − 1,2 | 6,93 | 6,03 | 5,23 | 4,53 | | | | | | | | | | |
| 1,03 | 4,3 | 3,6 | 3,7 | − 1,8 | 6,90 | 6,00 | 5,20 | 4,50 | | | | | | | | | | |
| 1,04 | 5,7 | 4,8 | 5,0 | − 2,4 | 6,86 | 5,96 | 5,17 | 4,48 | 3,86 | | | | | | | | | |
| 1,05 | 7,0 | 5,9 | 6,3 | − 3,0 | 6,81 | 5,92 | 5,13 | 4,45 | 3,83 | | | | | | | | | |
| 1,06 | 8,3 | 7,1 | 7,6 | − 3,7 | 6,76 | 5,88 | 5,10 | 4,42 | 3,81 | | | | | | | | | |
| 1,07 | 9,6 | 8,3 | 9,0 | − 4,4 | 6,71 | 5,84 | 5,06 | 4,38 | 3,78 | 3,26 | | | | | | | | |
| 1,08 | 10,8 | 9,4 | 10,4 | − 5,2 | 6,66 | 5,79 | 5,02 | 4,35 | 3,75 | 3,23 | | | | | | | | |
| 1,09 | 12,0 | 10,5 | 11,7 | − 6,1 | 6,60 | 5,74 | 4,98 | 4,31 | 3,72 | 3,21 | 2,76 | | | | | | | |
| 1,10 | 13,2 | 11,5 | 13,0 | − 7,1 | 6,56 | 5,70 | 4,95 | 4,28 | 3,69 | 3,18 | 2,74 | | | | | | | |
| 1,11 | 14,4 | 12,6 | 14,4 | − 8,1 | 6,49 | 5,65 | 4,90 | 4,24 | 3,66 | 3,15 | 2,71 | 2,32 | | | | | | |
| 1,12 | 15,6 | 13,7 | 15,9 | − 9,1 | 6,41 | 5,58 | 4,84 | 4,19 | 3,61 | 3,11 | 2,68 | 2,29 | | | | | | |
| 1,13 | 16,7 | 14,7 | 17,3 | −10,2 | 6,36 | 5,53 | 4,80 | 4,15 | 3,58 | 3,09 | 2,65 | 2,27 | 1,94 | | | | | |
| 1,14 | 17,8 | 15,8 | 18,8 | −11,4 | 6,28 | 5,46 | 4,74 | 4,10 | 3,54 | 3,05 | 2,62 | 2,25 | 1,92 | | | | | |
| 1,15 | 18,9 | 16,8 | 20,2 | −12,7 | 6,20 | 5,40 | 4,68 | 4,05 | 3,49 | 3,01 | 2,59 | 2,22 | 1,90 | 1,62 | | | | |
| 1,16 | 20,0 | 17,8 | 21,7 | −14,2 | 6,13 | 5,33 | 4,62 | 4,00 | 3,45 | 2,97 | 2,56 | 2,19 | 1,87 | 1,60 | 1,35 | | | |
| 1,17 | 21,1 | 18,9 | 23,3 | −15,7 | 6,03 | 5,25 | 4,55 | 3,94 | 3,40 | 2,93 | 2,52 | 2,16 | 1,84 | 1,57 | 1,33 | | | |
| 1,18 | 22,1 | 19,9 | 24,9 | −17,4 | 5,93 | 5,16 | 4,47 | 3,87 | 3,34 | 2,88 | 2,48 | 2,12 | 1,81 | 1,54 | 1,31 | 1,11 | | |
| 1,19 | 23,1 | 20,9 | 26,5 | −19,2 | 5,83 | 5,07 | 4,40 | 3,81 | 3,29 | 2,83 | 2,44 | 2,09 | 1,78 | 1,52 | 1,29 | 1,09 | 0,92 | |
| 1,20 | 24,2 | 21,9 | 28,0 | −21,2 | 5,71 | 4,97 | 4,31 | 3,73 | 3,22 | 2,77 | 2,39 | 2,04 | 1,75 | 1,49 | 1,26 | 1,07 | 0,91 | 0,76 |
| 1,21 | 25,1 | 22,8 | 29,6 | −23,3 | 5,59 | 4,87 | 4,22 | 3,65 | 3,15 | 2,72 | 2,34 | 2,00 | 1,71 | 1,46 | 1,24 | 1,05 | 0,89 | 0,75 |
| 1,22 | 26,1 | 23,8 | 31,2 | −25,7 | 5,47 | 4,76 | 4,12 | 3,57 | 3,08 | 2,65 | 2,28 | 1,95 | 1,67 | 1,42 | 1,21 | 1,03 | 0,87 | 0,73 |
| 1,23 | 27,1 | 24,7 | 32,9 | −28,3 | 5,30 | 4,61 | 4,00 | 3,46 | 2,99 | 2,57 | 2,21 | 1,90 | 1,62 | 1,38 | 1,17 | 1,00 | 0,85 | 0,71 |
| 1,24 | 28,0 | 25,7 | 34,6 | −31,2 | 5,15 | 4,48 | 3,88 | 3,36 | 2,90 | 2,50 | 2,15 | 1,84 | 1,57 | 1,34 | 1,14 | 0,97 | 0,82 | 0,69 |
| 1,25 | 29,0 | 26,6 | 36,2 | −34,6 | 4,98 | 4,33 | 3,75 | 3,25 | 2,80 | 2,42 | 2,08 | 1,78 | 1,52 | 1,29 | 1,10 | 0,93 | 0,79 | 0,66 |
| 1,26 | 29,9 | 27,5 | 37,9 | −38,6 | 4,77 | 4,14 | 3,59 | 3,11 | 2,68 | 2,31 | 1,99 | 1,70 | 1,46 | 1,24 | 1,05 | 0,89 | 0,75 | 0,63 |

wobei $h_{Dw}$ den Sättigungsdruck über Wasserdampf (in der Zahlentafel als Lösung vom Salzgehalt 0 angegeben), $h_{DL}$ den Sättigungsdruck der Lösung von gegebener Konzentration bedeutet, beide auf die gleiche Lösungstemperatur bezogen.

Der tatsächlich sich einstellende Luftzustand beim Austritt aus dem Luftkühler liegt auch hier auf der Verbindungsgeraden des dem Eintritt entsprechenden Zustandspunktes mit dem Zustandspunkt der Kühlfläche. Der Schnittpunkt dieser Geraden mit der Austrittstemperaturlinie kennzeichnet den gesuchten Luftzustand.

Aus diesen Überlegungen folgt, daß die Luft den Kühler um so trockener verläßt, je höher die Konzentration der Lösung ist, und daß von den drei gebräuchlichsten Salzlösungen das Chlormagnesium die größte, das Chlorkalzium die geringste Trockenwirkung besitzt bei gleicher Konzentration. Bei dem letzteren sind aber höhere Konzentrationen bis zur Sättigung möglich, so daß sich mit Chlorkalzium letzten Endes doch die intensivste Lufttrocknung erzielen läßt.

Von den erwähnten Bauarten des Naßluftkühlers hat in neuerer Zeit der Füllkörperkühler die andern in dem Maße verdrängen können, daß wir uns auf die Betrachtung der Wärmeübergangszahl bei dieser Bauart beschränken wollen. Als Füllkörper werden dabei überwiegend die sog. Raschigs-Ringe verwendet. Das sind Ringe aus Metall oder Porzellan, deren Höhe gleich ihrem Durchmesser ist, so daß sie sich nicht ineinander schieben können. Sie werden von der Salzsole berieselt,

Zahlentafel 7. Dampfdrücke über Lösungen von Chlormagnesium in mm Hg.

| Spez. Gew. bei 15° | °Bé | Salzgehalt in % der Lösung | Salzgehalt in 100 Teilen Wasser | Gefrierpunkt | Dampfdrücke bei 6° | 4° | 2° | 0° | −2° | −4° | −6° | −8° | −10° | −12° | −14° | −16° | −18° | −20° |
|---|---|---|---|---|---|---|---|---|---|---|---|---|---|---|---|---|---|---|
| 1,00 | 0,0 | 0,0 | 0,0 | 0,0 | 7,01 | 6,10 | 5,29 | 4,58 | 3,88 | 3,28 | 2,76 | 2,32 | 1,95 | 1,63 | 1,36 | 1,13 | 0,94 | 0,77 |
| 1,01 | 1,6 | 1,4 | 1,4 | − 0,7 | 6,96 | 6,05 | 5,25 | 4,55 | | | | | | | | | | |
| 1,02 | 3,0 | 2,6 | 2,7 | − 1,4 | 6,91 | 6,01 | 5,22 | 4,52 | | | | | | | | | | |
| 1,03 | 4,3 | 3,7 | 3,9 | − 2,2 | 6,86 | 5,97 | 5,18 | 4,49 | 3,87 | | | | | | | | | |
| 1,04 | 5,7 | 4,9 | 5,2 | − 3,1 | 6,81 | 5,93 | 5,14 | 4,45 | 3,84 | | | | | | | | | |
| 1,05 | 7,0 | 6,1 | 6,5 | − 4,0 | 6,76 | 5,88 | 5,10 | 4,41 | 3,81 | 3,28 | | | | | | | | |
| 1,06 | 8,3 | 7,2 | 7,8 | − 5,0 | 6,69 | 5,82 | 5,05 | 4,37 | 3,77 | 3,25 | | | | | | | | |
| 1,07 | 9,6 | 8,3 | 9,1 | − 6,0 | 6,62 | 5,76 | 4,99 | 4,32 | 3,73 | 3,21 | 2,76 | | | | | | | |
| 1,08 | 10,8 | 9,4 | 10,4 | − 7,2 | 6,53 | 5,68 | 4,93 | 4,27 | 3,68 | 3,17 | 2,73 | | | | | | | |
| 1,09 | 12,0 | 10,5 | 11,7 | − 8,7 | 6,45 | 5,61 | 4,87 | 4,21 | 3,63 | 3,13 | 2,69 | 2,31 | | | | | | |
| 1,10 | 13,2 | 11,6 | 13,1 | −10,3 | 6,34 | 5,52 | 4,78 | 4,14 | 3,57 | 3,08 | 2,65 | 2,27 | 1,94 | | | | | |
| 1,11 | 14,4 | 12,7 | 14,5 | −12,3 | 6,23 | 5,42 | 4,70 | 4,07 | 3,51 | 3,02 | 2,60 | 2,23 | 1,90 | 1,62 | | | | |
| 1,12 | 15,6 | 13,8 | 16,0 | −14,5 | 6,10 | 5,30 | 4,60 | 3,98 | 3,44 | 2,96 | 2,55 | 2,18 | 1,86 | 1,59 | 1,35 | | | |
| 1,13 | 16,7 | 14,9 | 17,5 | −17,1 | 5,96 | 5,18 | 4,50 | 3,89 | 3,36 | 2,89 | 2,49 | 2,13 | 1,82 | 1,55 | 1,32 | 1,12 | | |
| 1,14 | 17,8 | 16,0 | 19,1 | −19,9 | 5,81 | 5,06 | 4,38 | 3,79 | 3,27 | 2,82 | 2,43 | 2,08 | 1,78 | 1,51 | 1,28 | 1,09 | 0,92 | |
| 1,15 | 18,9 | 17,0 | 20,5 | −22,9 | 5,66 | 4,92 | 4,27 | 3,69 | 3,19 | 2,75 | 2,36 | 2,02 | 1,73 | 1,47 | 1,25 | 1,06 | 0,90 | 0,75 |
| 1,16 | 20,0 | 18,0 | 22,0 | −26,0 | 5,49 | 4,77 | 4,14 | 3,58 | 3,09 | 2,66 | 2,29 | 1,96 | 1,68 | 1,43 | 1,21 | 1,03 | 0,87 | 0,73 |
| 1 17 | 21,1 | 19,1 | 23,6 | −29,1 | 5,30 | 4,61 | 4,00 | 3,46 | 2,99 | 2,57 | 2,21 | 1,90 | 1,62 | 1,38 | 1,17 | 0,99 | 0,84 | 0,71 |
| 1,18 | 22,1 | 20,1 | 25,2 | −32,2 | 5,10 | 4,44 | 3,85 | 3,36 | 2,88 | 2,48 | 2,13 | 1,83 | 1,56 | 1,33 | 1,13 | 0,96 | 0,81 | 0,68 |

während die Luft im Gegenstrom zur rieselnden Sole nach oben geführt wird. Der Wärmeübergang von Luft an eine rieselnde Flüssigkeitsoberfläche ist besser als der an eine feste Wand, weil die Grenzschicht durch das Rieseln dauernd zerstört wird und die Konvektion sich dadurch erhöht. Über den Wärmeübergang an Raschigs-Ringluftkühlern liegen bis jetzt noch keine systematischen Untersuchungen vor. Merkel[18] hat jedoch diese Wärmeübergangszahl an mit Wasser berieselten Verdunstungskühlern nebenbei festgestellt und eine Abhängigkeit von der sog. Luftzahl, d. h. dem Verhältnis von Luftmenge zu Rieselmenge gefunden. Nach einzelnen Angaben aus der kältetechnischen Praxis, die mit den Versuchen von Merkel in guter Übereinstimmung stehen, ist bei Luftgeschwindigkeiten von 0,5 bis 1 m/sec und Luftzahlen von 1 bis 1,5 m³/kg mit Wärmeübergangszahlen $\alpha$ von 15 bis 20 kcal/m²°h zu rechnen. Diese Zahlen beziehen sich auf die Oberfläche der Raschigs-Ringe. Die Ermittlung von $\xi$ geschieht auf dieselbe Weise wie bei Trockenluftkühlern.

# VII. Der Kreisprozeß der Luft.

Nachdem wir die Vorgänge im Kühlraum und Luftkühler gesondert betrachtet haben, wollen wir nun dazu übergehen, den vollständigen Kreislauf der Luft zu behandeln.

Im allgemeinen ist durch den Verwendungszweck Temperatur und relative Feuchtigkeit im Kühlraum vorgeschrieben. Wir hatten aber gesehen, daß bei endlichem Luftumlauf beide sich innerhalb des Raumes ändern, so daß eine solche Vorschrift sich nur auf einen mittleren Wert beziehen kann. Der Grad der Abweichung von diesem Mittelwert ist ebenfalls, jedenfalls in gewissem Maße, durch den Verwendungszweck gegeben: Empfindliche Ware wird nur geringe, weniger empfindliche eine größere Abweichung von den optimalen Bedingungen vertragen. Andererseits ist die Einhaltung einer geringen Temperaturdifferenz mit großer Luftumwälzung verbunden, was auch nicht für alle Güter zuträglich ist.

Es sind also zunächst auf Grund solcher Überlegungen die Temperaturgrenzen zu wählen, innerhalb welcher die Luft sich bei ihrem Durchgang durch den Kühlraum bewegen soll. Im $J$-$x$-Diagramm lassen sich zwischen zwei Temperaturgeraden aber unendlich viele Zustandskurven ziehen, deren Endpunkte zunächst völlig unbestimmt sind. Nun erinnern wir uns der Tatsache, daß beim Kaltlagerraum, den wir zuerst betrachten wollen, sämtliche Zustandskurven, wo sie auch beginnen mögen, immer auf einer Hauptkurve enden, sofern die Zustandsänderung nicht vorzeitig abgebrochen wird, was nur bei abnorm großem Luftumlauf möglich ist. Wir können also nach Gleichung (43) den

Zustand der Luft beim Austritt aus dem Kühlraum (Punkt *2* in Abb. 27)
berechnen, wenn uns Temperaturen, Isolierung, Raumbelegung und
Kühlgutbeschaffenheit bekannt sind. Der Anfangspunkt der Zustandsänderung (*1*) ist uns dagegen durch die vorgeschriebene mittlere relative
Feuchtigkeit gegeben, wenn er auch nicht so eindeutig berechenbar
ist wie der Endzustand. Er ist nur durch Probieren und auf zeichneri-
schem Wege zu ermitteln, indem man, vom gegebenen Austrittszustand
(*2*) ausgehend, die auf Grund der Gleichung (32) zeichenbare Zustandskurve so lange ändert, bis die mittlere relative Feuchtigkeit mit der

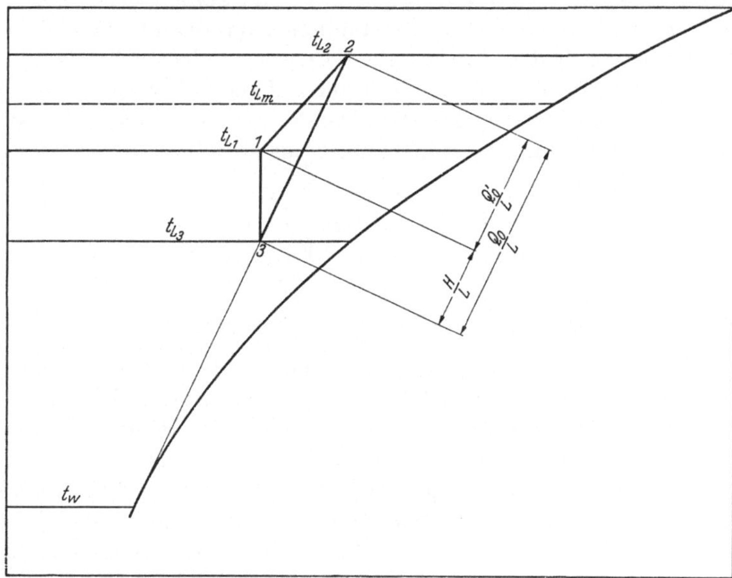

Abb. 27. Der Kreisprozeß der Luft im *J-x*-Diagramm.

gesuchten übereinstimmt. Hierauf wäre die sich so ergebende mittlere
Temperatur mit der geforderten zu vergleichen und unter Umständen
das ganze Verfahren, von einem anderen Austrittszustand ausgehend,
zu wiederholen, bis sowohl die mittlere Temperatur als auch die mittlere relative Feuchtigkeit mit den vorgeschriebenen Werten übereinstimmen. Wenn die Zustandsänderung der Luft bei ihrem Durchgang
durch den Kühlraum auf einer Hauptkurve vor sich geht, so bedarf es
einer zeichnerischen Bestimmung des Anfangspunktes (*1*) nicht. Er
kann, wie der Endpunkt nach Gleichung (43) berechnet werden. Wir
wollen dies der Einfachheit halber vorläufig annehmen.

Wir haben nun die Kühlflächentemperatur ($t_w$) zu wählen. Für diese
Wahl sind in erster Linie wirtschaftliche Gesichtspunkte maßgebend,
jedoch besteht die Bedingung, daß die Kühlflächentemperatur nicht

oberhalb des Taupunktes des Luftzustandes beim Eintritt in den Kühlraum (2) liegt. Wenn die Luft im Punkt *1* auf der Hauptkurve liegen soll, so bedarf es im allgemeinen der Heizung, um sie in diesen Zustand überzuführen. Wärmezufuhr durch Heizung aber wird im $J$-$x$-Diagramm durch eine Senkrechte zur Abszissenachse dargestellt. Für den praktisch überwiegend vorkommenden Fall, daß die Luft in den Kühlraum ungesättigt eintritt, ergibt sich also im $J$-$x$-Diagramm der Zustand der Luft beim Verlassen des Luftkühlers (Punkt *3*) (der nun andererseits durch entsprechende Bemessung der Kühlfläche zu verwirklichen ist), indem man das vom Zustandspunkt des Kühlraumeintritts gefällte Lot mit der Zustandsgeraden des Luftkühlers zum Schnitt bringt. Damit ist der Kreisprozeß der Luft in allen Phasen eindeutig bestimmt.

Bezeichnen wir den Wärmeinhalt der Luft beim Eintritt in den Kühlraum mit $i_1$, beim Austritt aus dem Kühlraum mit $i_2$ und beim Austritt aus dem Luftkühler mit $i_3$, und beträgt das stündlich umlaufende Luftgewicht $L$ kg/h, so ist

$$(90) \qquad Q_0' = L\,(i_2 - i_1)$$

die im Kühlraum zugeführte Wärme. Es ist ferner

$$(91) \qquad H = L\,(i_1 - i_3)$$

die durch Heizung zugeführte Wärme und schließlich

$$(92) \qquad Q_0 = Q_0' + H = L\,(i_2 - i_3)$$

die im Luftkühler von der Kältemaschine abzuführende Wärme.

Der Gang der Rechnung zur Ermittlung von Kälteleistung, Heizleistung und umlaufender Luftmenge wird im allgemeinen folgender sein: Man bestimmt zunächst die im Kühlraum selbst zugeführte Wärmemenge $Q_0'$, die sich aus der Wärmeeinstrahlung durch die Wände $Q_E$ und etwaigen durch Maschinen, Beleuchtung und Verkehr zugeführten Wärmemengen $Q_M$ zusammensetzt. Dann ermittelt man auf die oben beschriebene Weise $i_1$, $i_2$ und $i_3$ und erhält das umlaufende Luftgewicht aus Gleichung (90) mit

$$(93) \qquad L = \frac{Q_0'}{i_2 - i_1}\,.$$

Die Heizleistung ist dann durch Gleichung (91), die Luftkühlerleistung durch Gleichung (92) gegeben. Meistens kommt hierzu noch eine Kälteleistung $Q_L$ für Lufterneuerung. Man pflegt dabei festzusetzen, daß die Erneuerung der Raumluft $n$-mal am Tag erfolgen solle. Beträgt der Rauminhalt $V$ m³, ist $\gamma$ das spezifische Gewicht der Luft und $i_a$ der Wärmeinhalt der Außenluft, so ist

$$(94) \qquad Q_L = n \cdot \frac{V}{\gamma} \cdot [i_a - i_3]\,.$$

Der Wert $i_3$ ist in diese Formel einzusetzen, weil alle von außen angesaugte Luft zunächst im Luftkühler gekühlt wird, bevor sie in den Kühlraum eintritt.

Etwas anders gestaltet sich die Rechnung für Abkühlräume. In diesem Falle erhöht sich die im Kühlraum zugeführte Wärmemenge noch um die vom Kühlgut abgegebene Wärme. Ist $G$ das stündlich eingebrachte Gewicht desselben, $c$ seine spezifische Wärme, $t_1$ seine

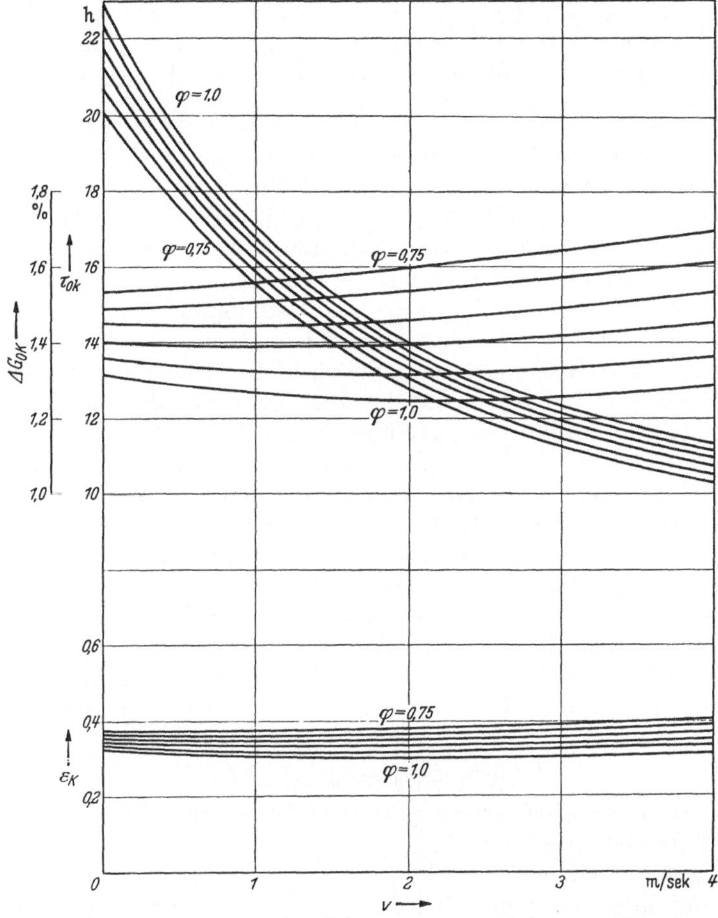


Abb. 28. Abkühlungsdauer und Gewichtsverlust von Tierkeulen in Abhängigkeit von der Geschwindigkeit und der relativen Feuchtigkeit der Luft. Keulendicke 10 cm. Lufttemperatur 0°.

Einbring- und $t_2$ seine Endtemperatur, so ist vom Kühlgut abzuführen die Wärmemenge

$$(95) \qquad Q_A = G \cdot c \cdot (t_1 - t_2).$$

Der Gewichtsverlust $\varDelta G$ eines Kühlguts während seiner Abkühlung ist zum Teil durch vorliegende Messungen bekannt. Er ist für Fleisch aus Abb. 28 in Abhängigkeit von Temperatur, relativer Feuchtigkeit und Luftgeschwindigkeit für verschiedene Fleischdicken zu entnehmen [8]. In dieser Abbildung bedeutet $\tau_{0k}$ die Abkühldauer, $\Delta G_{0k}$ den Gewichtsverlust und $\varepsilon_k$ das Verhältnis der durch Verdunstung abgeführten zur insgesamt abgeführten Wärmemenge. Sofern andere Feuchtigkeitsquellen nicht vorhanden sind, ist $\Delta G$ mit der Wasseraufnahme $W$ in Gleichung (45) und (47) identisch, und die Berechnung sämtlicher Größen kann auf Grund der Formeln (44) bis (47) geschehen. Man wird dabei so vorgehen, daß man zunächst $Q_0'$ und $\Delta G$ ermittelt und dann den Quotienten $\dfrac{i_2 - i_1}{x_2 - x_1} = \dfrac{Q_0'}{\Delta G}$ bestimmt, durch den die Richtung der Zustandsänderung im $J$-$x$-Diagramm festgelegt ist. Nach Wahl der Temperaturgrenzen verlegt man die Zustandsgerade zwischen den entsprechenden Temperaturgeraden in der Weise, daß die mittlere relative Feuchtigkeit dabei gleich der gewünschten wird. Dadurch sind $i_1$ und $i_2$ sowie $x_1$ und $x_2$ im Diagramm festgelegt, und die Berechnung des Luftumlaufs $L$ erfolgt mit Gleichung (46) oder (47). Die Bestimmung von $i_3$ geschieht nun auf gleiche Weise wie oben besprochen, sofern relativ trockene Luft verlangt und Heizung angewandt wird. Die Heizleistung rechnet sich dabei wieder nach Gleichung (91). Meistens wird jedoch in Abkühlräumen möglichst feuchte oder gar übersättigte Luft gefordert, um den Gewichtsverlust während der Abkühlung so klein wie möglich zu halten. Dann kann es vorkommen, daß $i_1$ und unter Umständen sogar $i_2$ rechts von der Sättigungskurve zu liegen kommen. In dem Falle wird die Luft durch Einspritzen von zerstäubtem Wasser in den Zustand der Übersättigung gebracht. Da, wie wir sahen, die Zustandsänderung bei Wasserzuführung annähernd auf einer Linie $i = \text{const}$ erfolgt, so finden wir unter diesen Verhältnissen den Punkt $i_3$, $x_3$, indem wir die Zustandsgerade des Luftkühlers mit einer durch den Punkt $i_1$ gehenden Linie $J = \text{const}$ zum Schnitt bringen. Die einzuspritzende Wassermenge beträgt dann

$$(96) \qquad\qquad W = L\,(x_1 - x_3) \quad [\text{kg/h}].$$

Da in diesem Falle $i_1 \sim i_3$ ist, so wird auch die Kälteleistung durch die Wasserzufuhr nicht verändert.

Nicht ganz so eindeutig ermittelbar ist das Zustandsdiagramm der Luft für den heute noch praktisch häufig vorkommenden Fall, daß im gleichen Raum zugleich abgekühlt und gelagert wird. Wir haben es alsdann mit einer Überlagerung der beiden besprochenen Zustandsänderungen zu tun. In solchen Räumen pflegt der vom abkühlenden Gut eingenommene Teil meist klein zu sein gegenüber demjenigen, den das Lagergut innehat. Demgemäß ist auch die Abkühlungswärme des Kühlguts relativ klein gegenüber der Einstrahlungswärme, so daß solche Räume doch überwiegend den Charakter von Lagerräumen haben. Wir kommen also den wirklichen Verhältnissen am nächsten, wenn wir die Zustandsänderungen der Luft in ähnlicher Weise wie beim Kaltlagerraum berechnen. Die vom abkühlenden Gut abgegebene Wärme berücksichtigen wir dabei in der Weise, daß wir sie zu der Einstrahlungswärme hinzuaddieren und so rechnen, als wäre die Wärmedurchgangszahl entsprechend größer. Diese fiktive Wärmedurchgangszahl $k'$, die nun bei der Berechnung der Kenngröße $C$ in Formel (51) einzusetzen ist, rechnet sich folgendermaßen: War die Einstrahlungswärme

$$Q_E = k \cdot \varrho \, (t_a - t)$$

und die Abkühlungswärme

$$Q_A = G \cdot c \, (t_1 - t),$$

so ist

$$Q_E + Q_A = k \cdot \varrho \cdot (t_a - t) + G \cdot c \, (t_1 - t).$$

Diese Wärmemenge wird gleichgesetzt einer fiktiven Wärmeeinstrahlung

$$Q_E' = k' \cdot \varrho \cdot (t_a - t),$$

woraus sich ergibt

$$(97) \qquad k' = k + \frac{G \cdot c \, (t_1 - t)}{\varrho \, (t_a - t)}.$$

Die Feuchtigkeitsabgabe des Abkühlungsgutes setzt man gleich derjenigen einer gleichen Menge Lagergut. Man kann dies tun, ohne einen merklichen Fehler zu begehen, da das Abkühlungsgut fast immer in bereits vorgekühltem Zustande in solche Gemischtkühlräume eingebracht wird. Im letzten Stadium der Abkühlung ist aber die Verdunstung nicht erheblich größer als im durchgekühlten Zustande. Bei Ermittlung der spezifischen Raumbelegung $\delta$ ist also Lager- plus Abkühlmenge in die Formel einzusetzen. Ist die Kenngröße $C$ errechnet, so erfolgt die weitere Berechnung genau wie beim Kaltlagerraum.

Wir hatten gesehen, daß die Hauptkurve sich vor allen Zustandskurven dadurch auszeichnet, daß auf ihr die geringste Änderung der relativen Feuchtigkeit mit zunehmender Temperatur auftritt. Man sollte also mit Rücksicht auf die Gleichmäßigkeit des Luftzustandes im Kühlraum, die immer für die Kühlung anzustreben ist, die Verhältnisse so wählen, daß die Hauptkurve zugleich Kurve der Zustandsänderung ist. Von den maßgebenden Faktoren sind nun meistens die Raumtemperatur, die spezifische Raumbelegung und das Oberflächenverhältnis des Kühlgutes durch den Verwendungszweck gegeben, ebenso ist für einen bestimmten Ort die durchschnittliche Außentemperatur größtenteils auf Grund meteorologischer Beobachtungen bekannt. Die einzige zu beeinflussende Größe beim Bau eines Kühlraumes bleibt die Isolierung. Man wird also die Wärmedurchgangszahl derselben so wählen, daß die Zustandsänderung möglichst auf einer Hauptkurve vor sich gehen kann. Hieraus ergibt sich die beachtliche Tatsache, daß man in Rücksicht auf eine möglichst gleichmäßige Verteilung des Luftzustandes im Kühlraum diesen sowohl über- als auch unterisolieren kann.

Er ist überisoliert, wenn unter den Durchschnittsverhältnissen die relative Feuchtigkeit der den Raum verlassenden Luft wesentlich höher, unterisoliert, wenn sie wesentlich geringer ist als die verlangte. Außerdem müßte man im ersten Fall zwecks Einstellung der richtigen Feuchtigkeit unnötig stark heizen, im zweiten dagegen Feuchtigkeit zuführen, was bei Wahl einer stärkeren Isolierung ebenfalls vermeidbar wäre.

Auch unter den vielen möglichen Zustandsgeraden, auf welchen die Zustandsänderung im Luftkühler vor sich geht, gibt es sowohl für den Trocken- als auch für den Naßluftkühler je eine ausgezeichnete.

Für den Trockenluftkühler ist es die Tangente, die man vom Punkt des Eintrittszustandes in den Kühler (Punkt 2 in Abb. 27) an die Sättigungskurve legen kann. Alsdann wird die Heizleistung und damit auch die abzuführende Kälteleistung minimal. Jedoch ist dies zunächst nur rein thermisch von Bedeutung. Für die Wirtschaftlichkeit der Kälteerzeugung ist nämlich nicht nur die Kälteleistung, sondern auch die Verdampfungstemperatur von Wichtigkeit, und dies nicht nur in der Hinsicht, daß mit höheren oder tieferen Verdampfungstemperaturen der Kraftbedarf der Kältemaschine ab- oder zunimmt, sondern auch deshalb, weil damit die Größe der Kühlfläche und infolgedessen Anschaffungs- und Amortisationskosten sich ändern. Einige wirtschaftliche Durchrechnungen haben gezeigt, daß für die meisten praktisch vorkommenden Verhältnisse die wirtschaftlichste Kühlflächentemperatur etwas tiefer liegt als die Tangententemperatur, jedoch immer in deren Nähe. Man begeht demnach selten einen großen Fehler, wenn man die Tangententemperatur als Kühlflächentemperatur wählt.

Beim Naßluftkühler kann man meistens ohne Heizung auskommen, indem man die Zustandsgerade des Luftkühlers durch die Punkte 1 und 2 (Abb. 27) hindurchlegt. Ist die Oberflächentemperatur auf Grund wirtschaftlicher Überlegungen bestimmt, so hat man jetzt nur die Konzentration der Kühlsole so zu wählen, daß die Zustandsänderung auf einer solchen Geraden erfolgt. Diese Bedingung ist sehr leicht zu erfüllen, ohne daß hierbei wirtschaftliche Rücksichten eine Rolle spielen, denn die Kosten für das Salz sind hier belanglos. Hieraus folgt nun, daß in allen Fällen, in denen nicht annähernd gesättigte Luft verlangt wird, die von der Kühlmaschine abzuführende Kälteleistung bei Verwendung von Naßluftkühlern kleiner wird als bei Kühlung mit Trockenluftkühlern. Dieser Unterschied wird um so größer, je trockener die Luft gewünscht wird.

Es gibt also auch für den Kreisprozeß der Luft bei der Raumkühlung eine Art Idealprozeß. Seine Verwirklichung ist bei der Projektierung von Kühlanlagen anzustreben unter Zugrundelegung normaler Werte für Temperaturen, Luftfeuchtigkeit und Raumbelegung mit der meist gelagerten Ware. Unter diesen Gesichtspunkten sind Isolierung, Kühlflächentemperaturen und Konzentration der Kühlsole zu wählen.

# VIII. Die Beeinflussung des Luftzustandes.

Ist eine Kühlanlage in der Weise entworfen, daß sich bei normalen Verhältnissen der Idealprozeß einstellen muß, so ist damit für den praktischen Betrieb noch nicht die Einhaltung der verlangten Kühlbedingungen gesichert. Denn die normalen Verhältnisse stellen ja nur Durchschnittsverhältnisse dar, die in Wirklichkeit nur zufällig genau eintreten. Ist deshalb eine Anlage für Durchschnittsverhältnisse richtig bemessen, so bedeutet das nur, daß bei Abweichungen von diesen auch der Luftzustand nur minimale Änderungen erfährt, und daß infolgedessen nur minimale Mittel aufzuwenden sind, um die ursprünglichen Kühlbedingungen wieder herzustellen.

Es ist nun in den letzten Jahren durch Einführung automatischer Regelung gelungen, die Temperaturen in den Kühlräumen in befriedigender Weise konstant zu halten. Dagegen liegen für die Beherrschung der relativen Feuchtigkeit in Kühlräumen noch kaum Ansätze vor. Die große Mehrzahl der gewerblichen Kühlräume besitzen in dieser Hinsicht noch keine Regelvorrichtungen und die Luftzustände schwanken hier teilweise außerordentlich. Erst das Aufkommen der sog. Klimaanlagen in allerletzter Zeit hat auch auf dem engeren Gebiete der Raumkühlung befruchtend eingewirkt, so daß hier und dort Tiefkühlanlagen entstanden, in denen neben der Temperatur auch die relative Feuchtigkeit automatisch geregelt wird.

Wird man angesichts der Verwickeltheit der den Luftzustand bedingenden Einflüsse auch die eigentliche Regelung immer automatischen Schaltgeräten überlassen, so bedarf es doch einer klaren Einsicht in diese Vorgänge, um für den jeweils vorliegenden Fall die zweckmäßigsten Regelverfahren anzuwenden und die Apparate richtig zu dimensionieren. Diesem Zwecke dienen die folgenden theoretischen Untersuchungen.

Grundsätzlich haben wir zu unterscheiden zwischen Kaltlagerräumen und Abkühlräumen, die sich auch hinsichtlich der anzuwenden den Regelverfahren verschieden verhalten. Hinsichtlich des sich einstellenden Luftzustandes besteht zwischen beiden insofern ein Unterschied, als beim Abkühlraum die der Raumluft zugeführten Wärme- und Feuchtigkeitsmengen als im wesentlichen voneinander unabhängig angesehen werden können, während dies beim Kaltlagerraum in keiner Weise der Fall ist. Bei diesem zieht vielmehr ein Mehr an zugeführter Wärme eine Verringerung der relativen Feuchtigkeit nach sich und umgekehrt, was beim Abkühlraum um so weniger der Fall ist, je höher der Anteil der vom Kühlgut zugeführten Wärme an der gesamten Wärmezufuhr ist.

# A. Regelung des Luftzustandes in Kaltlagerräumen.

An einer bereits bestehenden Anlage sind es bei Kaltlagerräumen im wesentlichen nur noch zwei Einflüsse, die eine Veränderung des Luftzustandes hervorrufen: die Änderung der Außentemperatur und der spezifischen Raumbelegung. Diesen Einflüssen kann man nun durch verschiedene betriebliche Maßnahmen begegnen, und zwar durch Änderung bzw. Beeinflussung

1. der Kühlflächentemperatur,
2. des Luftumlaufes,
3. der Heizung,
4. der Feuchtigkeitszufuhr,
5. der Luftführung,
6. der Kühlfläche.

Wir wollen Außentemperatur und spezifische Raumbelegung als unabhängige Veränderliche betrachten und uns nacheinander die Wirkung dieser Maßnahmen auf den Luftzustand vergegenwärtigen.

## a) Die ungeregelte Anlage.

Mit einer Änderung der Außentemperatur ist eine Änderung der Wärmeeinstrahlung in den Kühlraum verbunden. Die Kältemaschine hat also eine bald größere, bald kleinere Kälteleistung herzugeben, die ja stets gleich der zugeführten Wärme ist. Wird keine künstliche Leistungsregelung angewandt, so paßt sich die Kühlmaschine den veränderten Bedingungen in der Weise an, daß sie die Kälte bei höheren oder tieferen Verdampfungstemperaturen erzeugt. Der Kältekompressor saugt, wenn wir zunächst von der Veränderlichkeit des Lieferungsgrades absehen, bei allen Verdampfungstemperaturen das gleiche Gasvolumen an. Infolge der Zunahme des spezifischen Volumens mit abnehmender Temperatur vermindert sich aber das angesaugte Gasgewicht. Es wird infolgedessen auch weniger Kältemittel verdampfen, die Kälteleistung nimmt ab und umgekehrt. Verringert sich also infolge sinkender Außentemperatur die Wärmezufuhr, so fällt die Verdampfungstemperatur so lange, bis die Kälteleistung der Maschine gleich der verminderten Wärmezufuhr geworden ist. Erst dann tritt Beharrungszustand ein. Zugleich sinkt damit aber auch die Lufttemperatur im Kühlraum. Im $J$-$x$-Diagramm stellen sich die Kreisprozesse durch die ausgezogenen und gestrichelten Kurvenzüge dar (Abb. 29). Bei sinkender Außentemperatur rückt die Hauptkurve und damit sämtliche andern Zustandskurven mehr in das Gebiet höherer relativer Feuchtigkeit (gestrichelte Kurve).

Mit einer Änderung der Raumbelegung ist keine Änderung der Wärmezufuhr und damit auch keine Änderung der Kälteleistung verbunden. Die mittlere Lufttemperatur bleibt also bestehen, während jedoch die Hauptkurve mehr in das Gebiet höherer relativer Feuchtigkeit rückt.

Der sich einstellende Kreisprozeß wird dann etwa durch die strich-
punktierten Linien in Abb. 29 dargestellt.

Zusammenfassend können wir sagen:

*In einer ungeregelten Anlage ist mit dem Sinken der Außentemperatur
und einer Vergrößerung der Raumbelegung eine Zunahme der relativen*

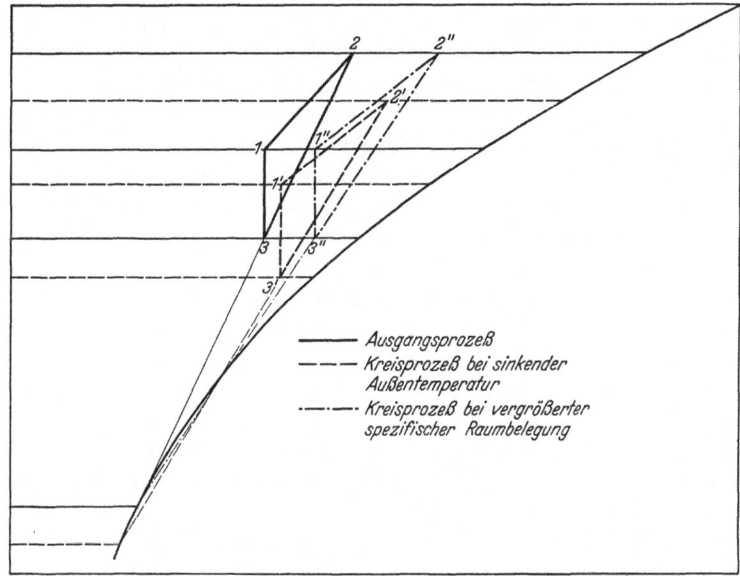


Abb. 29. Änderung des Kreisprozesses der Luft bei veränderter Außentemperatur und spezifischer
Raumbelegung für die ungeregelte Anlage.

*Feuchtigkeit verbunden und umgekehrt. Mit sinkender Außentemperatur
sinkt sowohl die Raum- als auch die Verdampfungstemperatur.*

## b) Die geregelte Anlage.

### 1. Beeinflussung der Kühlflächentemperatur.

Da im allgemeinen an einer Konstanthaltung der Lufttemperatur
gelegen ist, so handelt es sich nicht darum, die Verdampfungstemperatur willkürlich zu ändern, sondern einer Veränderung derselben infolge
äußerer Einflüsse zu begegnen. Man tut das in der Regel in der Weise,
daß man mit abnehmender Wärmezufuhr entweder die Drehzahl des
Kompressors vermindert oder aber durch künstliche Vergrößerung des
schädlichen Raumes oder Schließen einzelner Saugventile das angesaugte
Gasvolumen zu verkleinern sucht. Eine andere Möglichkeit besteht
darin, daß man die Maschine mit Unterbrechungen laufen läßt und
durch Vergrößerung der Stillstandsperioden sich den veränderten Verhältnissen anpaßt. In diesem Fall geschieht die Regelung automatisch

durch einen Thermostaten, der die Kühlmaschine abstellt, sobald die zulässige tiefste Temperatur erreicht ist und sie bei Überschreiten der zulässigen Höchsttemperatur wieder in Betrieb setzt. Die Maschine arbeitet dabei praktisch immer bei gleicher Verdampfungstemperatur.

Gelingt es auf diese Weise, die Temperatur verhältnismäßig konstant zu halten, so bleibt ·doch der Einfluß der veränderlichen Außentemperatur und der spezifischen Raumbelegung auf die relative Feuchtigkeit bestehen. Auch bei einer Anlage mit Temperaturregelung verläuft die Hauptkurve bei sinkender Außentemperatur im Gebiet höherer relativer Feuchtigkeit und umgekehrt. Wird außerdem während der Stillstandsperioden die Luftumwälzung zwischen Kühlrohrsystem und Kühlraum unterbrochen, oder hat das Kühlrohrsystem seine tiefe Temperatur nach einiger Zeit verloren, so tritt eine sehr rasche Anreicherung der Luft mit Feuchtigkeit ein, die unter Umständen bis zur vollständigen Sättigung führen kann.

Wir sehen also, daß das einseitige Konstanthalten der Temperatur ohne gleichzeitige Einwirkung auf die relative Feuchtigkeit durch andere Mittel eine zweischneidige Maßnahme ist. Andererseits scheinen aber Temperaturschwankungen an sich auf die Haltbarkeit der Ware von ungünstigem Einfluß zu sein, abgesehen davon, daß von einer wirklichen Beherrschung des Luftzustandes bei schwankender Temperatur nicht die Rede sein kann. Wir wollen deshalb unsere Betrachtungen folgendermaßen zusammenfassen:

*Die Regelung der Lufttemperatur erfolgt durch Anpassung der Kältemaschinenleistung an den Kältebedarf. Der Einfluß veränderlicher Außentemperatur und Raumbelegung bleibt auch bei konstant gehaltener Raumtemperatur unvermindert bestehen. Die Temperaturregelung ist deshalb wohl eine notwendige aber keine hinreichende Maßnahme für die Beherrschung des Luftzustandes und die Konservierung des Kühlgutes.*

## 2. Änderung des Luftumlaufes.

Wir betrachten zunächst den Fall, daß die Menge der umlaufenden Luft allein geändert wird. Sieht man zunächst davon ab, daß mit Steigerung der Luftmenge die Geschwindigkeit im Luftkühler erhöht und damit der Wärmeübergang verbessert, daß ferner im Kühlraum die Verdunstung vergrößert wird, so steht fest, daß der Wärmeinhalt der Luft im Mittel unverändert bleiben muß, da ja die Zu- und Abfuhr von Wärme und Feuchtigkeit davon nicht berührt werden. Es ist also

$$\frac{i_2 + i_3}{2} = i_m = \text{const.}$$

Mit Vergrößerung der Luftmenge $L$ vermindern sich lediglich proportional, gemäß den Gleichungen (90) bis (92), die Differenzen der Wärmeinhalte

$$i_2 - i_1 = \frac{Q_0'}{L}, \qquad i_1 - i_3 = \frac{H}{L} \qquad \text{und} \qquad i_2 - i_3 = \frac{Q_0}{L}.$$

Wenn wir weiterhin berücksichtigen, daß der Punkt 2 bei genügend großem Luftumlauf auf oder doch in der Nähe der Hauptkurve liegen muß, so sind wir in der Lage, den sich einstellenden Kreisprozeß in das $J$-$x$-Diagramm einzutragen, wie dies in Abb. 30 für eine beliebige Zustandskurve bei Verdoppelung der Umluftmenge geschehen ist (gestrichelte Linien). Wir entnehmen daraus, daß in diesem Fall eine geringe Senkung der mittleren Raumtemperatur und eine geringe Erhöhung der relativen

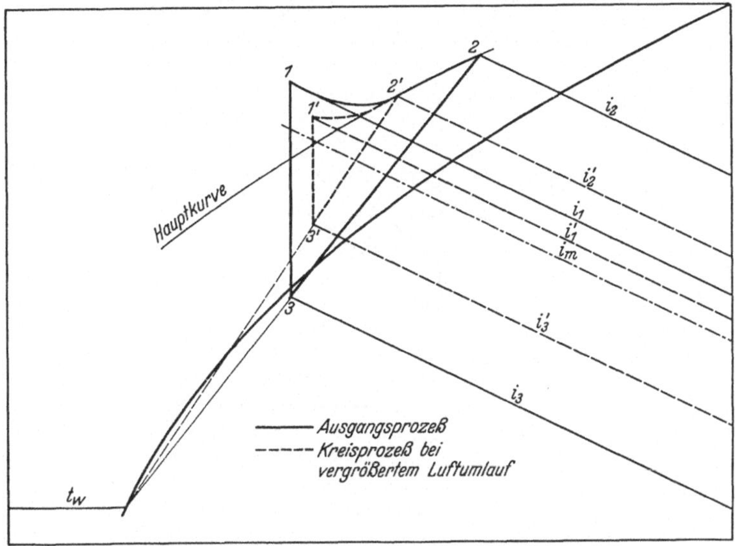


Abb. 30. Änderung des Kreisprozesses bei alleiniger Änderung der Umluftmenge unter Voraussetzung gleichbleibenden Wärmeüberganges im Luftkühler.

Feuchtigkeit eintritt. Wiederholen wir dasselbe für andere Zustandskurven, so können wir feststellen, daß je nach der Verteilung von Heizleistung und Einstrahlung im Rahmen der Gesamtwärmezufuhr die Änderungen von Temperatur und Feuchtigkeit im Kühlraum verschieden ausfallen, daß sie aber unter den angenommenen Voraussetzungen gering sind. Wir dürfen jedoch die Wirkung einer Veränderung der Umluftmenge auf den Wärmeübergang im Luftkühler und die Verdunstung im Kühlraum in den meisten Fällen nicht vernachlässigen. Mit zunehmender Luftgeschwindigkeit wird der Wärmeübergang im Luftkühler verbessert, was ein Heranrücken der Lufttemperatur an die Kühlflächentemperatur und damit eine Absenkung sämtlicher Temperaturen und Wärmeinhalte zur Folge hat. Zugleich rückt der ganze Kreisprozeß näher an die Grenzkurve, also in das Gebiet höherer relativer Feuchtigkeit. Da außerdem noch mit stärkerer Luftbewegung die verdunstende Wassermenge zunimmt, so ist mit Erhöhung der Umluftmenge in den meisten Fällen eine ziemlich starke Erhöhung der

relativen Feuchtigkeit verbunden und umgekehrt. Das Maß dieser
Änderungen hängt jedoch fast ausschließlich von der Bauart der Luftkühler und der Art der Luftführung im Kühlraum ab.

Wird mit Steigerung des Luftumlaufes die Heizleistung in dem
Maße verändert, daß der Eintrittszustand in den Kühlraum der gleiche
bleibt, so stellen sich verschiedene Wirkungen ein, je nachdem dieser
Eintrittszustand über, unter oder auf der Hauptkurve liegt. Liegt er
darüber, so wird die Luft im Mittel trockener, liegt er darunter, feuchter,

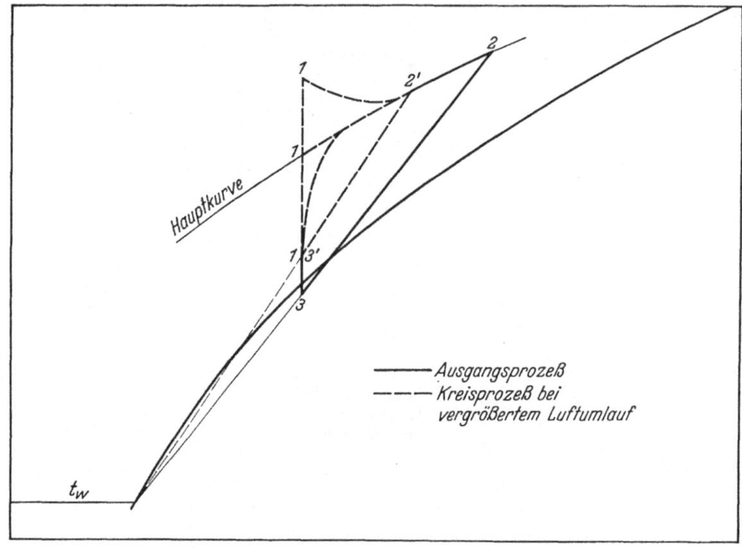



Abb. 31. Änderung des Kreisprozesses bei Änderung des Luftumlaufs unter Konstanthaltung des
Eintrittszustandes.

weil mit Vergrößerung des Luftumlaufes die Zustandsänderung mehr
auf dem nicht mit der Hauptkurve zusammenfallenden Zweig der Zustandskurve vor sich geht. Die mittlere Lufttemperatur sinkt in jedem
Falle. Dagegen tritt keine wesentliche Änderung der relativen Feuchtigkeit ein, wenn die Zustandskurve vollständig mit der Hauptkurve
zusammenfällt (Abb. 31).

Mit steigender Außentemperatur ist, wie wir sahen, eine Erhöhung
der Lufttemperatur und Verminderung der relativen Feuchtigkeit verbunden. Steigerung des Luftumlaufes ist also ein Mittel zum Ausgleich
dieser Erscheinungen, wie umgekehrt eine Verringerung des Luftumlaufes
bei sinkender Außentemperatur. Mit der Verkleinerung der Raumbelegung dagegen ist nur eine Verringerung der relativen Feuchtigkeit
verbunden. Erhöhung des Luftumlaufes würde daher in diesem Falle
noch ein Absinken der Temperatur zur Folge haben, was unter Umständen unerwünscht ist.

Steigerung des Luftumlaufes bei gleichzeitiger Steigerung der Heizung ist die wirksamste Maßnahme zur Erzielung einer möglichst großen Trockenwirkung. Steigerung des Luftumlaufes und gleichzeitige Verminderung der Heizung ergibt kältere und feuchtere Luft.

Zusammenfassend können wir demnach aussagen:

*Eine Steigerung des Luftumlaufes ist immer mit einer Temperatursenkung verbunden und umgekehrt. Der Einfluß veränderlicher Außentemperatur wird durch eine Veränderung des Luftumlaufes ausgeglichen, und zwar ist dieser bei steigender Außentemperatur zu erhöhen, bei sinkender zu vermindern. Bei zunehmender Raumbelegung ist der Luftumlauf zu vermindern und umgekehrt, jedoch muß dann gleichzeitig eine Temperaturregelung vorgenommen werden. Hoher Luftumlauf bei gleichzeitiger starker Heizung ergibt den geeignetsten Luftzustand für die Trocknung. Hoher Luftumlauf bei gleichzeitiger Ausschaltung der Heizung ergibt die feuchteste und kälteste Luft, die sich unter gegebenen Verhältnissen erzielen läßt.*

### 3. Änderung der Heizleistung.

Die Wirkung der Heizung ist eindeutig: wird sie vergrößert, so vermindert sich stets die relative Feuchtigkeit der Luft und umgekehrt. Daneben kann je nach der Menge des lagernden Kühlgutes auch eine Temperaturerhöhung auftreten, die bei kleiner spezifischer Raumbelegung größer, bei großer spezifischer Raumbelegung kleiner ausfällt. Die Heizkörper werden dabei im allgemeinen unmittelbar hinter dem Luftkühler angebracht. Durch eine Veränderung der Heizleistung verschiebt sich dann im $J$-$x$-Diagramm der Punkt *1* (Eintritt in den Kühlraum), so daß dieser im allgemeinen außerhalb der Hauptkurve liegen wird. Dies hat aber zur Folge, daß sich die relative Feuchtigkeit der Luft bei ihrem Durchgang durch den Kühlraum verhältnismäßig stark ändert. Es wird also, je nach der Art der Luftführung und dem Grad der Durchmischung an verschiedenen Stellen des Kühlraumes auch eine verschiedene relative Feuchtigkeit vorhanden sein, was besonders für die Ware, die sich unmittelbar unter den Eintrittsöffnungen befindet, zu Schädigungen führen kann. Aus diesem Grunde wäre es richtiger, einen Teil der Heizung im Raume selbst zuzuführen und nun gleichsam die Einstrahlung zu regulieren. Dadurch würde sich im $J$-$x$-Diagramm die Hauptkurve als ganze verschieben. In Abb. 32 erhalten wir dann statt des Zustandsdiagramms *a* (ausgezogen) das Diagramm *b* (gestrichelt). Die Heizkörper innerhalb des Kühlraumes müßten dabei so angebracht werden, daß eine direkte Bestrahlung von Kühlgut nicht stattfinden kann. Die Regelung beider Heizkörper hätte praktisch in der Weise zu geschehen, daß man zwei verschiedene am Eintritt und Austritt des Kühlraumes angebrachte Feuchtigkeitsmesser beobachtet und die beiden Heizungen so gegeneinander abstimmt, daß sich zwischen den Angaben der Hygrometer die geringste Differenz einstellt.

Wäre das richtige Verhältnis beider Heizleistungen zueinander gefunden, so würde es genügen, nur noch die Raumheizung zu regulieren.

Durch eine solche Regelung der Einstrahlung vermittels einer im Raum selbst angebrachten Heizung würde man nicht nur den Veränderungen der relativen Feuchtigkeit, die durch eine Änderung der Raumbelegung hervorgerufen wurde, sondern auch den Temperaturänderungen begegnen, die eine Änderung der Außentemperatur im Gefolge hat. Vergrößert sich beispielsweise allein die Raumbelegung, so dient die

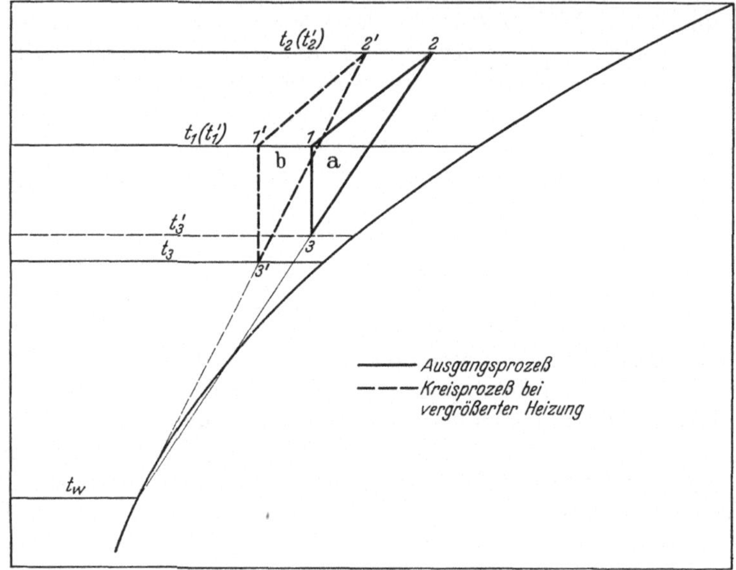


Abb. 32. Änderung des Kreisprozesses bei Änderung der Heizung innerhalb und außerhalb des Kühlraumes.

gesamte im Raum zugeführte Heizwärme der Aufrechterhaltung der relativen Feuchtigkeit, ohne daß eine Änderung der Temperatur damit verbunden wäre. Die Hauptkurve, die sich sonst in Richtung höherer relativer Feuchtigkeit annähernd parallel verschoben hätte, bleibt dadurch in ihrer alten Lage. Vermindert sich andererseits allein die Außentemperatur, so würde die Hauptkurve eine etwas geneigtere Lage annehmen und im Gebiet höherer relativer Feuchtigkeit verlaufen. Durch Vergrößerung der Raumheizung wird die ursprüngliche Lage dieser Kurve wieder hergestellt.

Ob der hier vorgeschlagenen Regelung praktische Bedeutung zukommt, ist eine Frage, die nur durch Versuche entschieden werden könnte. Man wird natürlich diesem etwas komplizierten Verfahren nur dann näher treten, wenn das einfache, nämlich die Regelung nur einer Heizquelle, als unzulänglich empfunden würde. Dann fragt es sich aber noch immer, ob man nicht durch zweckmäßigere Anbringung der Luftausblaseöffnungen oder auf irgendeine andere Weise die schädigenden Einflüsse vermeiden kann, die das einfachere Verfahren mit sich bringen könnte, indem eben in der Nähe dieser Öffnungen eine stärkere Austrocknung des Kühlgutes stattfände. Auf der anderen Seite steht noch nicht fest, ob es mit nicht zu großem Aufwand gelingen wird, durch die im Raum angebrachte Heizung die gleichmäßige Wärmezufuhr der Einstrahlung nachzuahmen. Dem hier angezeigten Verfahren kann also zunächst nur die Bedeutung einer ideellen Forderung zukommen, der man sich im Rahmen der praktischen Möglichkeiten anzunähern versuchen wird.

Zusammenfassend können wir also aussagen:

*Durch eine Vergrößerung der Heizung vermindert sich stets die relative Feuchtigkeit der Raumluft und umgekehrt. Je nach der Größe der spezifischen Raumbelegung ist damit eine mehr oder minder große Änderung der Raumtemperatur verbunden. Führt man einen Teil der Heizung im Luftkanal, einen andern im Kühlraum selbst zu, so kann man die Zustandsänderung der Luft bei ihrem Durchgang durch den Raum auf der Hauptkurve, d. h. bei geringstmöglicher Änderung der relativen Feuchtigkeit verwirklichen. Reguliert man die Heizung in der Weise, daß stets die relative Feuchtigkeit im Mittel konstant bleibt, so erzielt man damit zugleich eine annähernde Konstanz der Raumtemperatur, einerlei wie Raumbelegung und Außentemperatur sich ändern mögen.*

### 4. Änderung der Feuchtigkeitszufuhr.

Von der Zufuhr von Wasser oder Wasserdampf macht man nur dann Gebrauch, wenn die relative Feuchtigkeit der Kühlluft nach Abstellung der Heizung noch immer zu gering ist. Diese Feuchtigkeitszufuhr hat stets im Kühlraum selbst zu geschehen, denn nach Abstellung der Heizung befindet sich der Zustand der Luft beim Eintritt in den Kühlraum fast stets nahe der Sättigung. Eine Wasserzuführung müßte also zur Übersättigung führen, was für das lagernde Gut schädlich wäre. Die zur Herstellung einer relativen Feuchtigkeit $\varphi$ einzuspritzende Wassermenge bei gegebener Kühlgutmenge $G'$ ist rechnerisch zu ermitteln, indem man zunächst die Kühlgutmenge $G$ bestimmt, die vorhanden sein müßte, damit sich unter den gegebenen Verhältnissen die verlangte relative Feuchtigkeit einstellt. Das geschieht mit Hilfe der Gleichungen (50), (51) und (43) auf die schon dargestellte Weise. Die zuzuführende Feuchtigkeitsmenge ist dann, gemäß Gleichung (22) und (29)

$$(98) \qquad W = \frac{\alpha}{r} \, \Phi \, (G - G') \, (a + bt) \, (1 - \varphi).$$

Die Zufuhr von Wasser erfolgt praktisch ohne Änderung des Wärmeinhalts der Luft, aber unter Temperatursenkung. Mit der Einspritzung von Wasserdampf dagegen ist eine Erhöhung desselben und damit zugleich eine Temperaturerhöhung verbunden, die meistens unerwünscht ist, so daß dieses Mittel für die Anwendung bei der Kaltlagerung kaum in Frage kommt. Von der Feuchtigkeitszufuhr macht man bei der Kaltlagerung verhältnismäßig selten Gebrauch (Fischkühlung, Käselagerung), weil in den allermeisten Fällen die relative Feuchtigkeit eher zu hoch als zu niedrig ausfällt. Dagegen wird sie beispielsweise in der Textilindustrie bei der Regulierung der Luftfeuchtigkeit häufig angewandt.

Zusammenfassend können wir aussagen:

*Die Zuführung von Wasser oder Wasserdampf zur Kühlluft hat stets eine Erhöhung der relativen Feuchtigkeit zur Folge, die bei Wasserzufuhr mit einer Temperatursenkung, bei Dampfzufuhr mit einer Temperaturerhöhung verbunden ist. Sie hat stets in den Kühlräumen selbst zu geschehen.*

### 5. Änderung der Luftführung.

Eine Regelung von Temperatur und Feuchtigkeit kann man auch dadurch erreichen, daß man nicht die ganze aus dem Kühlraum angesaugte Luft durch den Luftkühler schickt, sondern einen mehr oder minder großen Teil ungekühlt durch einen parallel angeordneten Kanal führt und diesen dann mit dem gekühlten Teil vor Eintritt in den Kühlraum mischt. Durch dieses Verfahren beeinflußt man also den Eintrittszustand der Luft in den Kühlraum, und zwar nicht nur ihre Temperatur sondern zugleich auch ihre relative Feuchtigkeit. Je größer der ungekühlte Teil der Luft ist, um so höher wird auch die Temperatur und relative Feuchtigkeit in diesem Zustandspunkte sein. Beim Durchströmen des Raumes muß sich nun aber der Luftzustand dem der Hauptkurve nähern und normalerweise wird der Austrittszustand auf dieser liegen. Hieraus folgt, daß von den Verhältnissen im Raum selbst auch der Zustand der Mischluft am Kühlraumeintritt beeinflußt wird. Je nachdem, ob man bei der Bemessung beider Luftmengen nach der Temperatur oder der relativen Feuchtigkeit reguliert, wird also die eine oder die andere nicht der geforderten entsprechen. Durch dieses Verfahren lassen sich also Temperatur und relative Feuchtigkeit nicht unabhängig voneinander regulieren. Das ist relativ unbedenklich, wenn z. B. hinsichtlich der relativen Feuchtigkeit keine engen Grenzen vorgeschrieben sind. Bei der Kaltlagerung von Lebensmitteln ist man jedoch im allgemeinen an sehr enge Grenzen gebunden, wenn man sicher und wirtschaftlich arbeiten will.

Mit dieser Einschränkung ist jedoch das Verfahren durchaus geeignet, wenigstens bei Veränderungen der Außentemperatur den Zustandsänderungen der Raumluft wirksam zu begegnen. Steigt jene, so wird durch Vergrößerung der durch den Kühler strömenden Luftmenge sowohl die Temperaturerhöhung als auch das Anwachsen der relativen

Feuchtigkeit mehr oder minder verringert und umgekehrt. Dagegen gelingt es nicht, bei veränderlicher Raumbelegung die relative Feuchtigkeit unter Konstanthaltung der Temperatur zu regeln. Hier bedarf es außerdem einer gesonderten Temperaturregelung.

Zusammenfassend können wir sagen:

*Führt man nicht die ganze aus dem Kühlraum angesaugte Luft durch den Luftkühler, sondern läßt einen Teil ungekühlt und mischt diesen vor Eintritt in den Kühlraum dem gekühlten wieder zu, so läßt sich durch verschiedene Bemessung beider Teile Temperatur und Feuchtigkeit im Kühlraum beeinflussen. Das Verfahren ist überall dort mit Erfolg anwendbar,*

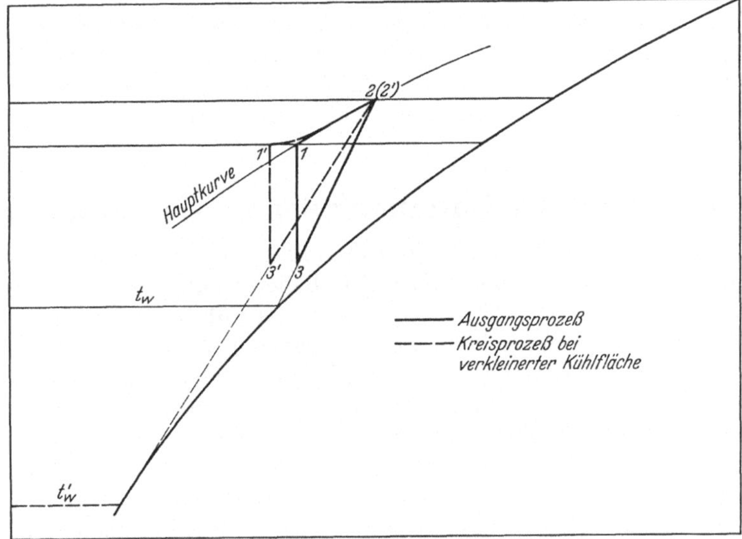


Abb. 33. Änderung des Kreisprozesses bei Änderung der Kühlfläche.

*wo es auf eine genaue Einhaltung entweder der Temperatur oder der relativen Feuchtigkeit nicht ankommt, da beide sich dadurch nicht unabhängig voneinander regeln lassen.*

## 6. Änderung der Kühlfläche.

Wird in einem Kühlsystem die Luftkühlerfläche verändert, so kann dadurch nur der Eintrittszustand, nicht aber der Austrittszustand beeinflußt werden, der durch die Lage der Hauptkurve bestimmt ist. Mit der durch Kühlflächenverkleinerung verbundenen Temperatursenkung z. B. ist zwar eine Trocknung der Eintrittsluft verbunden, jedoch wird bei normalem Luftumlauf die Hauptkurve bald wieder erreicht, so daß deren Lage im wesentlichen doch maßgebend für die sich einstellende relative Feuchtigkeit bleibt. In Abb. 33 sind die Kreisprozesse bei verschiedener Kühlflächengröße unter Konstanthaltung der mittleren Raumtemperatur dargestellt. Man sieht, daß der trocknende Einfluß der kleineren Fläche von tieferer Temperatur zwar vorhanden aber verhältnismäßig gering ist. Jedenfalls läßt sich der Eintrittszustand der Luft durch alle bisher besprochenen Verfahren in ungleich stärkerem Maße regeln. Wir werden später sehen, daß dies nur für Kaltlagerräume zutrifft. In Abkühlräumen, bei denen für die Zustandsänderung der Luft eine Hauptkurve nicht existiert, stellt die Änderung der Kühlfläche eine wesentlich wirksamere Maßnahme für die Regelung des Luftzustandes dar.

Zusammenfassend können wir demnach aussagen:

*Eine Verkleinerung der Kühlfläche hat eine Senkung der Verdampfungstemperatur sowie eine verhältnismäßig geringe Trocknung der Luft zur Folge und umgekehrt. Für Kaltlagerräume stellt eine Veränderung der Kühlfläche eine nur wenig wirksame Maßnahme zur Regelung des Luftzustandes dar.*

## B. Regelung des Luftzustandes in Abkühlräumen.

Die Regelung des Luftzustandes in Abkühlräumen wurde ausführlich von Linge[19] in seiner Arbeit über „Die Beherrschung des Luftzustandes in gekühlten Räumen" behandelt. Seine Ausführungen erheben zwar den Anspruch allgemeiner Gültigkeit; es ist ihm aber der grundsätzliche Unterschied im Verhalten der Kaltlager- und Abkühlräume entgangen, den wir darin bestehend erkannten, daß bei den letzteren die zugeführten Wärme- und Feuchtigkeitsmengen im wesentlichen voneinander unabhängig sind, während bei den ersteren eine unmittelbare Beziehung zwischen beiden vorhanden ist. Für Abkühlräume und auch solche Räume, bei denen diese Unabhängigkeit besteht, wie dies bei den meisten Klimaanlagen (z. B. für Versammlungsräume, Wohnräume, Textil- und Tabakwaren-Verarbeitungsräume) der Fall ist, haben die Ausführungen von Linge volle Gültigkeit. Dagegen finden in der überwiegenden Mehrzahl der Fälle, mit denen sich die eigentliche Kältetechnik beschäftigt, die für die Kaltlagerräume entwickelten Gesetzmäßigkeiten Anwendung. Der Gedanke, Abkühlräume und Lagerräume auch hinsichtlich des anzuwendenden Kühlverfahrens grundsätzlich verschieden zu behandeln, wie es richtig wäre, gewinnt erst neuerdings langsam Boden. Meistens hat man es heute noch mit dem sowohl der Abkühlung als auch der Kaltlagerung gleichzeitig dienenden Kühlraum zu tun, der aber, wie bereits ausgeführt wurde, vorwiegend Lagerraumcharakter hat; bei kleinen Räumen wird dies aus Gründen der Wirtschaftlichkeit und Zweckmäßigkeit auch künftig so bleiben.

Die Ausführungen von Linge beruhen im wesentlichen auf der Überlegung, die wir schon bei Besprechung des Kreisprozesses der Luft angestellt hatten, daß sich die Zuführung von Heizwärme vermeiden läßt, wenn die durch das Verhältnis $\Delta i/\Delta x$ gegebene Richtung der Zustandsänderung im Kühlraum mit der Zustandsgeraden des Luftkühlers zusammenfällt. Aus Abb. 34 ersieht man, daß sich hier der Luftzustand im Kühlraum im Gegensatz zum Kaltlagerraum durch Änderung der Kühlflächentemperatur wesentlich beeinflussen läßt. Denn da das Verhältnis $\Delta i/\Delta x$ auch bei veränderlicher relativer Feuchtigkeit, wenn auch nicht genau, so doch mit ziemlicher Annäherung

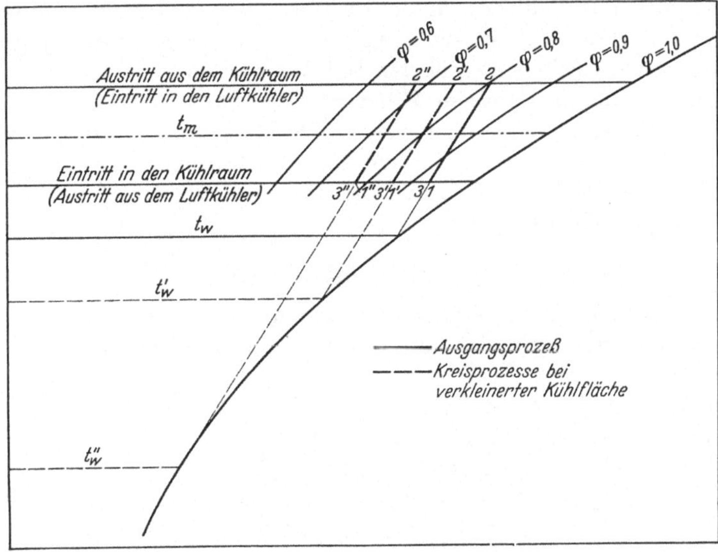


Abb. 34. Änderung des Luftzustandes bei Änderung der Kühlfläche in Abkühlräumen.

konstant bleibt, so tritt bei Veränderung der Kühlflächentemperatur einfach eine Parallelverschiebung der Zustandsgeraden ein. Im Gegensatz zu der Zustandsänderung beim Kaltlagerraum ist nämlich der Luftzustand beim Austritt aus dem Kühlraum nicht konstant als durch Einstrahlung, Raumbelegung usw., kurz, durch die Lage der Hauptkurve bedingt, sondern verändert sich mit dem Eintrittszustand. Hierauf beruht im wesentlichen der Unterschied bei der Regelung von Kaltlager- und Abkühlraum. Ist die Neigung $\Delta i/\Delta x$ so stark, daß die Linie $\varphi=1$ von der Luftkühlergeraden nicht mehr berührt wird, so muß ein Naßluftkühler mit einer Sole von entsprechender Konzentration angewandt werden, wie dies in dem Kapitel über Naßluftkühler besprochen wurde. Erst wenn auch dies nicht mehr zum Ziele führt, muß geheizt werden.

# IX. Die Anwendung der Regelverfahren.

Die praktische Regelung des Luftzustandes in Kühlräumen erfolgt durch automatische Regelvorrichtungen. Thermostaten und Hygrostaten halten innerhalb enger Grenzen Temperatur und Feuchtigkeit konstant, steuern direkt oder über Hilfsrelais Kühlmaschinen, Ventilatoren, Sole- oder Wasserpumpen, öffnen oder schließen Ventile für Heißwasser oder Dampf für die Heizung und verstellen nach Wunsch Luftklappen und Schieber für die Luftumwälzung. Der vollautomatisch geregelte Luftzustand ist seit einiger Zeit mit verhältnismäßig geringen Kosten zu verwirklichen. Für den Ingenieur ist es nur wichtig, in einem gegebenen Fall die richtigen Hilfsmittel anzuwenden, damit die Regelung auf wirtschaftliche und zweckmäßige Weise erfolge. Hierzu wurden in den vorangegangenen Kapiteln die theoretischen Grundlagen entwickelt. Abschließend sollen hier die praktisch wichtigen Anwendungen zusammengestellt werden.

## a) Der Kühlschrank.

Da es sich im Kühlschrank stets nur um eine kurzfristige Lagerung handelt, begnügt man sich mit der Konstanthaltung der Temperatur. Durch einen Thermostaten wird beim Überschreiten einer oberen Temperaturgrenze die Kühlmaschine ein- und bei Erreichung einer unteren Temperaturgrenze wieder abgeschaltet. Die Luftfeuchtigkeit läßt sich nur von vornherein durch die Wahl der Kühlflächengröße etwas beeinflussen. Größere Kühlfläche verbunden mit höherer Verdampfungstemperatur ergibt feuchtere, kleinere Kühlfläche mit tieferer Verdampfungstemperatur trockenere Luft. Da es sich nicht auf technisch befriedigend einfache Weise ermöglichen läßt, einen Teil der Kühlfläche ein- oder abzuschalten, muß auf eine betriebsmäßige Regelung verzichtet werden. Auch eine Heizung läßt sich im allgemeinen nicht anbringen, da sie eine lokale Erwärmung in ihrer Nähe zur Folge haben würde, die zur Gefährdung des Kühlgutes führen könnte. Ein künstlicher Luftumlauf ist nur bei sehr großen Schränken üblich. Den entstehenden natürlichen könnte man allenfalls durch die Anordnung der Verdampferflächen verringern oder verstärken. Im großen und ganzen verbietet der für einen Kühlschrank wirtschaftlich tragbare Preis die Anwendung teurer Regelvorrichtungen.

## b) Der Kleinkühlraum.

Der Kleinkühlraum, gleichviel für welchen Zweck er bestimmt ist, unterscheidet sich von dem Großkühlraum im allgemeinen dadurch, daß in ihm sowohl Abkühlung als auch Kaltlagerung aus wirtschaftlichen Gründen gleichzeitig vorgenommen werden müssen. Da beide

Raumarten sich hinsichtlich der Regelung grundsätzlich verschieden verhalten und außerdem oft noch einen verschiedenen Bewegungszustand der Luft erfordern, müssen der Regelung des Luftzustandes hier notwendig die einer Kompromißlösung eigenen Mängel anhaften. Zunächst läßt sich auch bei thermostatischer Temperaturregelung die Temperatur nicht immer innerhalb der gewünschten Grenzen konstant halten. Während und einige Zeit nach der Einbringung warmer Güter pflegt die Temperatur über die obere Temperaturgrenze zu steigen, da die Kühlmaschine selten so groß bemessen werden darf, daß sie die plötzlich anfallenden großen Wärmemengen abzuführen imstande ist. In Kleinkühlräumen kommen aus wirtschaftlichen Gründen fast ausschließlich Trockenluftkühler zur Anwendung. Eine automatische Regelung der Luftfeuchtigkeit durch Zu- und Abschalten von Teilen der Kühlfläche ist bei diesen kaum durchführbar, abgesehen davon, daß diese Maßnahme während der Kaltlagerperiode verhältnismäßig unwirksam wäre. Es kommt in diesem Fall nur die Regelung der Luftfeuchtigkeit durch Heizung in Frage, wobei über einen Feuchtigkeitsregler die (meist elektrische) Heizquelle an- oder abgeschaltet wird. Regelung der Luftfeuchtigkeit ist jedoch heute in Kleinkühlräumen noch kaum anzutreffen. Die Luftbewegung kann sowohl durch natürlichen als auch durch erzwungenen Umlauf bewirkt werden. Auf eine Regelung der umlaufenden Luftmenge wird aus wirtschaftlichen Gründen stets verzichtet.

### c) Der Abkühlraum.

Beim Abkühlraum läßt sich häufig zu Beginn der Abkühlung die angestrebte Temperatur nicht einhalten. Das ist hier nicht gefährlich, da durch den Temperaturanstieg kein anderes Gut gefährdet werden kann, wie das bei Kaltlagerung und Abkühlung in gemeinsamem Raum der Fall ist. Außerdem ist es beim Abkühlraum durchaus möglich, die Kühlmaschine in ihrer Leistung der maximalen Wärmezufuhr anzupassen, wenn die Einhaltung der Temperatur erwünscht ist, was sich für den gemeinsamen Abkühl-Kaltlagerraum meistens verbietet, da bei zu großer Maschinenleistung die Betriebspausen zu lang würden und die durchschnittliche Luftfeuchtigkeit deshalb unzulässig anstiege, intermittierenden Betrieb der Kühlmaschine vorausgesetzt.

Fast ausnahmslos soll die Luft in Abkühlräumen so feucht wie möglich sein, um den Gewichtsverlust während der Abkühlung so gering wie möglich zu halten. In diesem Fall ist der Trockenluftkühler mit großer Kühlfläche der geeignetste. Eine Regelung der Feuchtigkeit im Sinne einer Trocknung kommt nicht in Frage. Dagegen läßt sich durch Steigerung der Luftbewegung die relative Feuchtigkeit erhöhen. Hohe Luftgeschwindigkeit ist in Abkühlräumen meistens erwünscht, um die Abkühlzeit zu verkürzen, was wiederum vermindernd auf den Gewichtsverlust einwirkt[8]. Soll ausnahmsweise in Abkühlräumen

zugleich eine Trockenwirkung ausgeübt werden, so ist neben hohem
Luftumlauf und Temperaturregelung eine durch Hygrostaten geregelte
Heizung anzuwenden.

## d) Der Kaltlagerraum.

### 1. Kaltlagerung bei hoher Luftfeuchtigkeit.

Kaltlagerräume, in denen eine sehr hohe Luftfeuchtigkeit gefordert
wird, sind verhältnismäßig selten; jedoch gibt es einige Anwendungs-
gebiete von großer Bedeutung wie das der Käse- und Fischlagerung. Wenn
möglich, sollte man solche Räume besonders stark isolieren, was jedoch
besonders bei der Käsekühlung nicht immer wirtschaftlich tragbar ist.
Die Eigenart der Zustandsänderung der Luft in Kaltlagerräumen, welche
im $J$-$x$-Diagramm im Vorhandensein einer Hauptkurve ihren Ausdruck
findet, wird hier besonders deutlich sichtbar. Es hat sich nämlich gezeigt,
daß es bei Anwendung von Klimaanlagen nicht möglich ist, die verlangte hohe relative Feuchtigkeit von 90 bis 100% aufrechtzuerhalten.
Da nämlich der Endzustand der Luft beim Austritt aus dem Kühlraum
einem Punkte der Hauptkurve entsprechen muß und diese im allgemeinen,
besonders aber bei schwacher Isolierung und geringer Raumbelegung,
im Gebiet geringerer relativer Feuchtigkeit zu liegen pflegt; da andererseits die relative Feuchtigkeit der Luft beim Eintritt in den Kühlraum
höchstens 100% betragen kann, so muß die mittlere Luftfeuchtigkeit
im Raum meist wesentlich kleiner ausfallen. An sich gäbe es freilich
die Möglichkeit, den Luftumlauf ungewöhnlich zu steigern und auf
diese Weise den Austrittszustand dem Eintrittszustand anzunähern.
Praktisch läßt sich dies aber nicht durchführen, da das Kühlgut, insbesondere Käse, dadurch rissig wird und auch andere qualitative Ein-
bußen erleiden würde. Außerdem wäre hierzu eine wirtschaftlich nicht
tragbare Ventilatorarbeit erforderlich. Deshalb kommt hier am besten
Kühlung durch natürlichen Luftumlauf in Frage unter Zuhilfenahme
von Feuchtigkeitszufuhr, die im Kühlraum zu erfolgen hat. Man hilft
sich häufig durch Spannen feuchter Tücher oder durch Benetzung des
Fußbodens. Regelbar machen kann man die relative Feuchtigkeit aber
nur durch Anbringen von Zerstäuberdüsen, die über Hygrostaten gesteuert werden. Daneben muß selbstverständlich auch die Temperatur
durch Thermostaten konstant gehalten werden.

### 2. Kaltlagerung bei geringerer Luftfeuchtigkeit.

Dies ist der allgemeinere Fall. Die Luftfeuchtigkeit soll eine obere
Grenze nicht überschreiten, um das Wachstum von Bakterien und
Schimmelpilzen nach Möglichkeit zurückzuhalten. Da bei Kaltlager-
räumen durch Veränderung der Kühlfläche nur verhältnismäßig geringe
Wirkungen zu erzielen sind, bringt die Verwendung von Naßluftkühlern,
welche an sich eine solche Regelung bequem ermöglichen, aus diesem

Grunde keinen besonderen Vorteil. Lediglich, wenn besonders trockene Luft verlangt -wird, und das Kühlgut an sich einen geringen Wassergehalt aufweist, können sie am Platze sein. Im allgemeinen kann aber auch dann auf eine zusätzliche Heizung nicht verzichtet werden. Für das weitaus größte Anwendungsgebiet der Raumkühlung, für die Kaltlagerung von Lebensmitteln, ist demnach die Verwendung von Trockenluftkühlern mit thermostatischer Regelung der Temperatur und hygrostatischer Regelung der Heizung das gegebene. Dabei sollte im Rahmen des technisch Möglichen angestrebt werden, einen Teil der Heizung im Luftkühler, den anderen Teil im Räume selbst unterzubringen, um die Zustandsänderung auf der Hauptkurve, also mit möglichst geringer Änderung der relativen Feuchtigkeit durchzuführen.

### 3. Kalttrocknung.

In Kalttrockenräumen soll die Luftfeuchtigkeit stets sehr niedrig sein, um dem Kühlgut möglichst viel Feuchtigkeit zu entziehen. Heizung in Verbindung mit Temperaturregelung und sehr starkem Luftumlauf sind die Mittel, die zum Ziele führen. Der Luftumlauf soll nach Möglichkeit so hoch werden, daß die Hauptkurve gar nicht erreicht wird und so die durch die Heizung bewirkte Trocknung der Luft beim Eintritt in den Kühlraum möglichst voll zur Auswirkung kommt.

### e) Der Aufenthaltsraum.

In Aufenthaltsräumen für Menschen werden an die Konstanthaltung des Luftzustandes nicht so hohe Anforderungen gestellt, wie bei der Kühlung oder Kaltlagerung von Nutzgütern. Bei festgehaltener Temperatur darf die relative Feuchtigkeit der Luft in verhältnismäßig weiten Grenzen schwanken und umgekehrt. Die Regelung des Luftzustandes geschieht hier deswegen am zweckmäßigsten und wirtschaftlichsten durch Regelung des Luftumlaufes. Nur ein Teil der umlaufenden Luftmenge wird dabei über den Luftkühler geleitet, während der andere Teil durch einen Umgehungskanal strömt und hinter dem Luftkühler wieder mit der gekühlten Luftmenge gemischt wird. Durch automatische Verstellung einer Luftklappe kann dabei ein größerer oder kleinerer Teil der Luft über den Luftkühler geführt werden. Je nachdem ob größerer Wert auf konstante Temperatur oder konstante Luftfeuchtigkeit gelegt wird, hat die automatische Verstellung der Luftklappe durch Thermostaten oder Hygrostaten zu erfolgen.

### f) Der klimatisierte Raum.

Bei den zahlreichen Anwendungsgebieten der sog. Klimaanlagen, z. B. in der Textil- und Tabakindustrie, sind die an die Konstanz des Luftzustandes zu stellenden Anforderungen wesentlich höher. Temperatur und Feuchtigkeit der Luft dürfen hier nur um wenige Prozent schwanken. Deshalb sind in den Klimaapparaten im allgemeinen Vorrichtungen für Kühlung, Heizung und Befeuchtung vereinigt, die durch Temperatur- und Feuchtigkeitsregler gesteuert werden. Auf fast allen Gebieten, in denen Klimaanlagen zur Anwendung kommen, kann die Wärme- und Feuchtigkeitszufuhr als voneinander unabhängig angesehen werden. Die Regelung des Luftzustandes durch Änderung der Kühlfläche ist hier also mit Erfolg anwendbar. Im Gegensatz zum Trockenluftkühler, bei welchem man durch Zu- und Abschalten von Teilen der Gesamtkühlfläche nur verhältnismäßig grobe Wirkungen erzielen kann, ist beim Naßluftkühler durch Änderung der umlaufenden Wasser- oder Solemenge eine sehr feine Abstufung der Kühlfläche möglich. Deshalb verdienen in Klimaanlagen Naßluftkühler den Vorzug, und zwar besonders dann, wenn die Temperaturverhältnisse so liegen, daß die Kühlung noch mit Wasser durchgeführt werden kann. Muß Sole verwandt werden, so bedeutet die Notwendigkeit, sie laufend zu verstärken, betriebstechnisch eine Unannehmlichkeit und wirtschaftlich eine nicht unerhebliche Belastung.

# X. Literaturverzeichnis.


1. Mollier: Ein neues Diagramm für Dampf-Luftgemische. Z. VDI 1923.
2. Schmidt: Versuche über den Wärmeübergang in ruhender Luft. Z. ges. Kälteind. 1928.
3. Grubenmann: $J$-$x$-Tafeln feuchter Luft. Berlin: Julius Springer 1926.
4. Kösler: Die Erweiterung der Kühlanlagen im Städtischen Schlachthof in Stuttgart. Z. ges. Kälteind. 1930.
5. Carrier u. Lindsay: Siehe M. Hirsch, Trockentechnik. Berlin: Julius Springer 1932.
6. Plank: Die Messung der relativen Feuchtigkeit in Gefrierräumen. Z. ges. Kälteind. 1916.
7. Landolt-Börnstein: Physikalisch-chemische Tabellen.
8. Tamm: Die Kühlung von Fleisch. Beiheft z. Z. ges. Kälteind. 1930.
9. Jürges: Der Wärmeübergang an einer ebenen Wand. Beihefte z. Gesundh.-Ing. Reihe 1 Heft 9.
10. Lewis: The evaporation of a liquid into a gaz. Mech. Engng. 1922.
11. Merkel: Der Berieselungskühler. Z. ges. Kälteind. 1927.
12. Nußelt: Mitt. Forsch.arb. Ing.-Wes. Heft 63/64.
13. Gröber: Die Grundgesetze der Wärmeleitung und des Wärmeübergangs. Berlin: Julius Springer 1921.
14. Stender: Der Wärmeübergang an strömendes Wasser in vertikalen Rohren. Berlin: Julius Springer 1924.
15. Schmidt: Der Wärmeübergang in Luftkühlern mit Rippenrohren. Beiheft z. Z. ges. Kälteind. Reihe 2 Heft 6.
16. Schropp: Untersuchungen über Tau- und Reifbildung an Kühlrohren in ruhender Luft und ihr Einfluß auf die Kälteübertragung. Z. ges. Kälteind. 1935.
17. Linge: Der Dampfdruck über wässerigen Lösungen von Chlornatrium, Chlormagnesium, Chlorkalzium. Z. ges. Kälteind. 1929.
18. Merkel: Verdunstungskühlung. Forsch.-Arb. Ing.-Wes. 1925.
19. Linge: Die Beherrschung des Luftzustandes in gekühlten Räumen. Beiheft z. Z. ges. Kälteind. 1933.


Druck der Universitätsdruckerei H. Stürtz A.G., Würzburg.